南京水利科学研究院出版基金资助出版

大型河工模型试验智能测控技术及应用

夏云峰 陈诚 王驰 徐华 杜德军 ◎ 著

河海大学出版社

HOHAI UNIVERSITY PRESS

·南京·

内容简介

本书主要总结了大型河工模型试验智能测控技术方面的最新研究成果及应用;系统介绍了声学多普勒流速仪、表面流场测量系统、水位仪、含沙量测量仪、波高仪等水沙关键量测仪器的基本原理、仪器构成及其关键技术;分析总结了测控系统和试验分析管理系统的组成和关键技术;详细说明了水沙测量仪器的检测装置、检测方法及过程;结合具体的大型河工模型试验,介绍了测控技术的应用实例。

本书可供从事河工模型试验及其测量工作的科研技术人员使用,也可供水利、交通等相关院校工程专业的师生参考。

图书在版编目(CIP)数据

大型河工模型试验智能测控技术及应用 / 夏云峰等著. -- 南京：河海大学出版社,2020.8
ISBN 978-7-5630-6455-7

Ⅰ. ①大… Ⅱ. ①夏… Ⅲ. ①智能控制—自动控制系统—应用—河工模型试验 Ⅳ. ①TV83-39

中国版本图书馆 CIP 数据核字(2020)第 163116 号

书　　名	大型河工模型试验智能测控技术及应用	
	DAXING HEGONG MOXING SHIYAN ZHINENG CEKONG JISHU JI YINGYONG	
书　　号	ISBN 978-7-5630-6455-7	
责任编辑	彭志诚	
特约校对	薛艳萍	
封面设计	严　波　刘　畅	
出版发行	河海大学出版社	
地　　址	南京市西康路 1 号(邮编:210098)	
电　　话	(025)83737852(总编室)	
	(025)83722833(营销部)	
经　　销	江苏省新华发行集团有限公司	
排　　版	南京布克文化发展有限公司	
印　　刷	广东虎彩云印刷有限公司	
开　　本	787 毫米×960 毫米　1/16	
印　　张	14.5	
字　　数	300 千字	
版　　次	2020 年 8 月第 1 版	
印　　次	2020 年 8 月第 1 次印刷	
定　　价	98.00 元	

/前言/

为了解决我国河流治理、水利工程、防洪抗旱等工程决策中的关键技术问题，需要开展大量的河工模型试验。而模型试验研究水平的提高在很大程度上依赖于量测仪器设备的创新和突破。水沙测量仪器国内以中低端产品为主，高端仪器主要依靠进口（如声学多普勒流速仪，ADV），国外进口仪器存在价格昂贵、维修维护困难等问题。因此，突破水沙测控核心关键技术瓶颈，开发具有自主知识产权并适用于我国国情的成套关键量测仪器和智能测控系统，应用于河流海岸开发与治理、防洪抗旱、环境保护等关系国计民生的重大工程模型试验研究中，可为我国水利、交通、能源等重大决策提供先进的技术支撑和科学依据，从而发挥巨大的社会、经济及环境效益。

本书系统介绍了南京水利科学研究院在大型河工模型试验智能测控技术方面的最新研究成果及应用，主要内容包括了水沙关键量测仪器、控制系统、试验分析管理系统、仪器检测方法及应用实例等。其中水沙关键量测仪器部分主要包括了流速仪、表面流场测量系统、水位仪、波高仪、压力总力仪、六分量仪、地形仪、测沙仪等，是获取水沙试验数据的基础。控制系统基于水沙量测仪器采集参数控制模型水流和泥沙流动，模拟天然水沙运动过程。试验分析系统主要用于试验数据处理及分析显示，包括数据后处理、可视化控制及动态仿真显示。仪器检测方法主要用于仪器的率定及精度检测。应用实例部分结合开展的大型河工模型试验，介绍了最新测控技术的应用。

本书的研究得到了国家重大科学仪器设备开发专项"我国大型河工模型试验智能测控系统开发"（201YQ070055）、国家自然科学基金青年科学基金项目"基于彩色图像处理技术的PTV流场测量方法研究"（51309159）、中央级公益性科研院所基本科研业务费专项资金项目"潮汐模型集成-模块化测控技术研究"（Y212009）、"河工模型常用仪器检测平台技术研究"（Y215006）、长江南京以下12.5 m深水航道二期工程福姜沙河段工程总平面布置物理模型研究等的资助。本书在编写过程中，得到了项目参与单位河海大学、长江科学院、南京瑞迪建设科技有限公司等单位的支持,其中 ADV 部分内容得到了北京尚水信息技术股份有限公司的支持,另外在编写过程中得到了黄海龙教高、金捷高工、周良平高工、赵日明工程师、缪张华工程师等的帮助,并参考了众多国内外同行的文献,在此一并表示衷心感谢。

大型河工模型试验智能测控技术方面的研究一直在快速发展之中,书中介绍的技术和方法还需在实践中不断检验和完善。由于作者水平所限,书中难免存在一些疏漏及欠妥之处,敬请广大读者批评指正。

作者
2020 年 7 月于南京

/ 目录 /

/第1章/ 绪 论

1.1 概述

　　河床是河道水流与其底部泥沙相互作用的产物,河床在水沙相互作用过程中逐渐形成适应水流的形态,水流的变化影响河床的冲刷和淤积变化,河床的冲淤变化也反过来影响水流的变化。对于挟沙水流来说,水流和河床相互制约和作用。河床的演变和河道整治影响的变形过程非常复杂,往往很难直接用分析研究和计算方法求解,而利用河工模型试验将天然河流基于相似理论缩小成模型进行实验,则可以直接方便地进行水沙参数测量,因此,河工模型试验一直是开展河流工程研究的重要研究方法。

　　河工模型试验是运用河流动力学知识,根据水流和泥沙运动动力学相似原理,模拟与原型相似的边界条件和动力学条件,利用一些专有设备模拟河流在天然河流情况下或在有水工建筑物的情况下水流结构、河床演变过程和工程方案效果的一种方法。在模型试验中需要对流速、水位、地形、含沙量、波高、压力等试验参数进行精确的测控。

　　流速测量是模型试验测量技术中最核心的内容,一直是国内外研究的重点和热点。二十世纪以来,流速测量技术取得了较快的发展,从单点流速测量发展到多点测量,从单向到多向、从稳态向瞬态发展,从毕托管、旋桨流速仪、热线热膜流速仪(HWFA)、电磁流速仪、超声波多谱勒流速仪(ADV)、激光多谱勒流速仪(LDV)发展到粒子图像测速技术(PIV)。毕托管是一种古典的测速测量仪器,从原理上说,毕托管测速基于流体力学的能量方程在定常、理想无黏、不可压假设下即成为伯努利方程的原理。一般来说,由于受到上述条件的限制,毕托管只用于平均速度测量或流量测量,适用于测量稳定流,目前已经很少用于模型试验测量。旋桨式流速仪基本原理是将固定在传感器支架上的旋桨置于水流中的施测点,旋桨正对水流方向,由于动水压力作用会产生转动,流速越大,转动越快。采用适当的传感器和计数器,记下单位时间转数,就可根据率定曲线求出流速。旋桨式流速仪主要有电阻式、电感式、光电式三种,目前模型试验中采用较多的是光电式旋桨流速仪。热线热膜流速仪是利用放置在流场中具有加热电流的金属丝来测量流速的仪器。由于金属丝中通过了加热的电流,当流速变化时,金属丝的温度就会随之发生变化,从而产生了电信号。电信号和流速之间具有一一对应的关系,因此检测出电信号就可测出流速。热线热膜流速仪能够测得瞬时流速,对水流干扰较小,使用方便,但对水质有较高的要求,必须清洁无杂质,否则由于杂质沉淀在金属丝表面,会改变热耗散率,将造成测量误差。电磁流速仪是根据法拉第电磁感应定律,把水流作为导体来测量水流速度的流速仪。电磁流速仪传感器较小,对水流扰动小,可用来测瞬变流速和流向,可测量不同水质较大范围的流速,但易受附近电磁场的干扰。超声波多谱勒流速仪和激光多谱勒流速仪是分别基于超声波和激光的多普勒效应来测量流速的,是非接触式流速仪,可测量三维流速,对流体没有干扰,动态响应快,测量精度高,但由于其结构复杂,价格昂贵,使用条件苛刻,大部分用于水槽实验研究,较少应用于物理模型试验。PIV 技术原理是在流场中撒入示踪粒子,通过拍摄粒子图像,应用数字图像处理技术提取粒子速度,以粒子速度代表其所在流场内相应位置处流体的运动速度。由于可以实现非接触瞬态全流场的测量,PIV 得到了较快的发展,但由于只能拍摄到河工模型中水流表面的粒子图像,因此只能测量水流表面的流场,而无法测量模型试验水流的垂向流速分布。

水位是河工模型试验中必不可少的水力要素。目前应用于模型试验的水位测量仪器主要有:水位测针、跟踪式水位仪、数字编码探测式水位仪、振动式水位仪、光栅式水位仪、超声波水位仪等。水位测针是一种古典的水位测量工具,由于测针稳定可靠,且精度较高,所以沿用至今,但测量时费时较多,不易同时测量多点水位。跟踪式水位仪、数字编码探测式水位仪、振动式水位仪及光栅式水位仪都是采用步进电机跟踪水位进行测量的水位仪,只是采用的传感器不同。由于功能强精度高,这些跟踪式的水位仪在模型试验中得到了较为广泛的应用。但其缺点是机械传动部分由于磨损易产生误差,此外由于受步进电机驱动速度的限制,使水位跟踪速度受到影响。超声波水位仪应用超声波反射原理测量水位,跟踪速度快,并可实现多点水位同步测量,但测量精度易受环境温度等影响。

由于河工模型试验对河床地形测量精度以及效率的高标准要求,传统的采用测针等人工测量的方法已经不能满足需要。近年来,随着电子技术、超声波技术、光学技术、计算机自动控制技术、数字图像处理技术等先进技术的发展,逐渐发展了光电反射式地形仪、电阻式地形仪、跟踪式地形仪、超声地形仪、激光扫描仪、近景摄影测量等地形测量技术。河工模型河床地形测量技术正在从人工测量向自动测量,从接触式测量向非接触式测量发展。

含沙量是动床模型试验模拟控制的关键测量参数,随着光学、声学技术等先进技术的发展,含沙量的测量从烘干称重法、比重瓶法等人工测量方法发展到超声波测沙仪、激光测沙仪等自动实时测量技术。但现代先进的光学、声学技术都是通过光学或声学信号在水中的散射和吸收发生的衰减与悬沙浓度的关系测量含沙量的,受悬沙浓度的影响较大,对于高浊度的近底含沙量测量,误差较大甚至无法测量,因此需要研究高含沙量的测量方法。

在模型试验涉及船模运动量的测试时,需要进行六分量测量。传统的手段主要是利用陀螺仪以及直接在船模本身放置连杆式升沉仪和横纵移仪等机械式装置。虽然其质量和摩擦阻力很小,且可以忽略不计,但机械装置本身的惯性势必对船模自身运动产生约束影响。而且,不能同时考虑六个自由度位移之间的影响。而采用非接触式测试技术测量船模,不会因船模自身的运动产生任何阻碍而产生误差,所以其反映的数据也更加接近真实情况。六分量仪正在从机械式装置向图像测量及低频电磁法等非接触式测量方法发展。

波高是波浪研究中的重要参数,与水位测量要求有所不同,水位对于测量的精度要求较高,而波高需要能敏捷可靠地反映瞬时的波浪幅度变化(波浪要素有波高、周期和波长)。测量波高的仪器和传感器应具有频响快、灵敏度高、体积小、防水性能好等特点。目前测量波高的仪器较多,通常有电阻式波高仪、电容式波高仪、压力式水位计、超声水位计和计算机波高测量系统等。

在河工模型及波浪模型试验中,需要测量脉动水压力和波压力,该类仪器和传感器应具有频响快、灵敏度高、体积小、防水性能好等特点。目前测量的方法较多,如应变片式、电感式、霍尔效应式和压电式等,但应用最广泛的是应变片式压力传感器和压电式压力传感器。

泥沙运动受制于水下床面剪应力的作用,因此研究床面剪应力是研究泥沙运动基本理论问题的重要途径之一,通过研究作用于泥沙上剪应力的大小能更深刻认识泥沙起动、悬浮、输移等运动机理。但是由于作用于泥沙颗粒上的剪应力很小、水下量测环境恶劣、水面波动、剪应力变化频率高等原因,至今一直缺乏有效可行的直接量测手段。床面剪应力的测量手段大致可分为直接测量法和间接测量法。直接测量通过测量应力板位移等方法来计算剪应力大小。间接测量是通过测量水体底部边界层内脉动流速大小,然后通过理论公式计算剪应力。20世纪80年代,国外开始研究应用基于微纳米技术的微型热敏式剪应力仪测量气流中壁面剪应力,随着微机电系统(MEMS)的发展,微型热敏式剪应力仪逐步推广应用到水下剪应力测量,国内外许多学者进行了探索研究,取得了一些突破。但是由于水下剪应力较小、水下工作环境恶劣等原因,微型热敏式剪应力仪在水下剪应力测量应用中仍存在一些问题,例如测量精度、水温影响、耐久性等。随着人们研究的深入和微机电系统地不断发展,微型热敏式剪应力仪在水下测量中的应用逐步走向成熟,将为泥沙基础理论研究带来新的发展。

对于河工模型试验而言,试验成果的质量在很大程度上取决于量测技术和试验的控制水平。要提高试验的精度,不能仅有高精度的量测仪器,还要有先进的采集与控制技术。智能化采集与控制是一种较为先进的采集与控制技术,此技术的使用使得试验数据的采集与试验过程控制更加精确可靠,是提高试验精度的重要手段之一。水沙控制系统使用计算机作为水沙运动过程模拟的给定装置,能实现水沙参数控制点的同步集中控制,系统将验证点的模型测量数据反演到原型,和实测相比,如不相符,则调整控制参数,再进行试验,不断反复,直到模型测量结果和现场实测相似,相似验证完成后才能进行各种方案试验。目前水沙模拟控制系统主要存在设备复杂、用途单一和造价昂贵等问题,需研究具有结构紧凑简单、数据传输可靠、控制灵活和工作稳定性好等特点的水沙智能模型控制系统。

近年来我国在长江、黄河、珠江、汉江、赣江、湘江等河流的河床演变、河道及航道整治、跨河建筑物等有关问题的研究中均开展了大量的河工模型试验。在葛洲坝、三峡、小浪底等大型水利水电工程的建设中,为了配合规划、设计、施工及管理工作,也开展了大型的河工模型试验研究。其中黄河问题由于其复杂性高,诸多问题的研究更有赖于河工模型试验的手段。如何科学、高效地开发利用河流海岸资源,抵御自然灾害,协调开发利用与资源、环境保护之间的关系成为水利科学研究中的热点和难点问题。为了解决我国河流治理、水利工程、防洪抗旱等工程决策中的关键技术问题,需要开展大量的河工模型试验。而模型试验研究水平的提高在很大程度上依赖于量测仪器设备的创新和突破。量测数据获取是水动力泥沙试验研究的基础,量测仪器及控制系统是研究的关键,因此量测仪器的精度在很大程度上决定了水动力泥沙试验研究的科学水平,从而直接影响我国在水利、交通、能源等行业的科技支撑水平。

国产水沙测量仪器以中低端产品为主,高端仪器主要依靠进口(如 ADV流速仪),但国外进口仪器存在价格昂贵、维修维护困难等问题。因此,急需突破三维流速及含沙量测量等核心关键技术瓶颈,开发具有自主知识产权并适用于我国国情的成套关键量测仪器和智能测控系统。

1.2 大型河工模型智能测控系统组成

大型河工模型试验智能测控系统主要由水沙关键量测仪器、控制系统、试验分析管理系统三部分组成,如图 1-1 所示,其水沙关键量测仪器主要用于测量水位、流速、含沙量、波高、压力等水沙运动关键试验参数,主要包括流速仪、表面流场测量系统、水位仪、波高仪、压力总力仪、六分量仪、地形仪、测沙仪等。控制系统主要基于水沙量测仪器采集参数控制模型水流和泥沙流动,模拟天然水沙运动过程,主要包括:潮汐控制系统、加沙控制系统。试验分析管理系统主要用于试验数据处理及分析显示,包括数据后处理、试验管理及动态仿真显示。

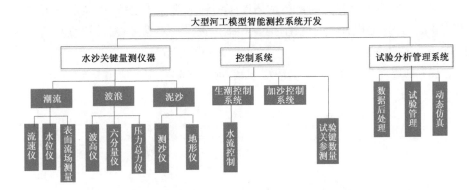

图 1-1　大型河工模型智能测控系统总体结构框图

1.3　技术发展趋势

大型河工模型试验主要有以下特点:(1) 由于尺度大、研究参数多,需要的水沙关键量测仪器数量多;(2) 由于比尺效应,测量精度要求高;(3) 测量时要求对水流和地形干扰小;(4) 对天然复杂水沙运动进行模拟,要求水沙控制系统控制精度高、同步性好、稳定可靠。近年来,随着超声波技术、激光技术、图像处理技术、机械自动化技术、计算机智能控制技术等多种先进技术的快速发展,大型河工模型试验测控技术从接触式向非接触式,从单点向多点,从人工测量向自动化、智能化不断发展。随着水沙科学研究和科学技术的不断进步,对水沙参数测量也提出了更高的要求,大型河工模型试验测控技术随之也将出现以下发展趋势:

(1) 关键测量仪器,需重点突破传感技术及无线传输技术,提高测量稳定性、可靠性及测量精度,特别是在浑水条件下模型流速、含沙量、地形测量方面需要研究新方法、新技术、新仪器,取得新突破。从点测量向体测量不断深入,研究大范围多维感知技术,满足河工模型试验中三维流场结构、含沙量三维分布、水下三维地形瞬时测量等高端测量需求。

（2）水沙量测仪器无线接口、控制设备及量测仪器的接口的标准化，建立基于分布式解决方案的智能化、模块化、标准化测控平台，可以进一步提升大型河工模型试验测控的集成化、智能化水平。

（3）结合人工智能技术与大数据，研究模型试验测量技术与原型-数模-物模耦合互馈，将智能模拟与智能测量紧密结合，显著提升水沙模拟研究与预测分析水平。

（4）将模型试验智能测量技术拓展应用到水沙现场测量，提高工程关键技术难题能力，为工程方案的优化、建设和维护提供技术支撑，提升智慧水利和智能航运技术水平。

（5）推广应用到水生态、水环境领域，促进多学科交叉应用。

/第 2 章/ 水沙关键量测仪器

在大型河工模型试验中,为了研究水电站建设、河道及航道整治、桥梁建设等大型水利水运工程中的水动力泥沙问题,需要对流速、水位、含沙量等水沙关键参数进行测量和控制,水沙关键量测仪器是大型河工模型试验获取试验参数的基础,主要包括:声学多普勒流速仪、表面流场测量系统、水位仪、地形仪、测沙仪、六分量仪、波高仪、压力总力仪、切应力仪等。

2.1 声学多普勒流速仪(ADV)

2.1.1 概述

声学多普勒流速仪(ADV, Acoustic Doppler Velocimetry),运用声学多普勒效应原理,采用遥距测量的方式,应用超声换能器对在探头一定距离内的采样点进行流速测量。测量点在探头的前方,不破坏流场,具有如下测量优势:

(1) 测量精度高,量程宽;

(2) 可测弱流也可测强流;

(3) 分辨率高,响应速度快;

(4) 可测瞬时流速也可测平均流速;

(5) 线性度好,流速检定曲线不易变化;

(6) 探头坚固耐用,不易损坏,操作简便。

ADV 已成为水力及海洋实验室的标准流速测量仪器,国内需求量很大。

目前 ADV 的技术和产品由国外几家公司掌握,国内使用的 ADV 完全依赖进口,采购周期长,维修困难。通过自主研发,团队已开发出达到国际主流水平的 ADV 测量设备,为国内水力学试验提供了可靠产品,打破了长期以来受制于人的局面,加速我国高端流体试验流速测量仪器摆脱以代理国外产品为主的产业模式。

同时,目前的 ADV 主流设备都只能进行单点流速测量,如果要想获取垂线的流速,还需要将设备在垂向上进行移动,测量效率不高。而对于如复杂紊流结构的研究,需要测量同一时刻的水流速度,那么现有设备不能满足要求。目前已有国外研究机构自行研发了类似的测量设备,不少研究人员已经将其应用到复杂紊流试验研究中,取得了一定的成果,说明该技术可行并且具有较好的应用前景。

2.1.2 基本原理

ADV 测量水速采用的是使用多普勒原理,多普勒原理把观测源的频率变化同观测源和观测者的相对速度相联系。ADV 发送一个声波或者脉冲进入水体,然后收听水中细小的泥沙颗粒和其他物体的回波,依据回波,ADV 内部信号处理单元采用相应模型计算多普勒频移。

多普勒频移是由于反射物的运动造成接收到的反射信号的频率发生变化,也能描述为两个连续且独立的反射信号的相位差,其原理示意图见图 2-1。发射声波的脉冲中只有非常小的声波能量被反射回换能器,大部分声波能量被吸收或者是被反射到其他方向。当反射体离 ADV 远去时,超声波移到较低频率,这种频移同 ADV 与反射体之间的速度成比例。部分多普勒频移的超声波反射到 ADV,就像反射体是超声波源一样,超声波频移一次后,又再次频移。通过对测量空间内大量散射体的多普勒频移信息的感知和处理,就可计算出水流速度。

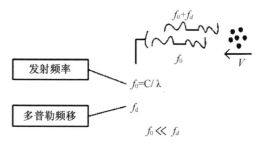

图 2-1 多普勒频移原理

2.1.3 仪器构成

ADV 主要包括信号发射模块、换能器模块、信号处理模块、软件模块等 4 个部分。信号发射模块将脉冲信号传送至换能器模块,然后通过切换将换能器接收到的反射波进行信号处理,利用软件模块做简单数据运算,计算得出水流的流速。

如图 2-2、图 2-3 所示,信号产生电路和信号放大功率输出电路将脉冲信号传送至换能器,然后通过切换将换能器接收到的反射波通过放大运算电路,再通过模数转换器(Analog to Digital,简称 A/D)将信号转换为数字信号传递给数字信号处理器(Digital Signal Processor,简称 DSP),利用 DSP 核对数据信号进行信号提取与处理,最后计算水的流速,通过上位机对结果进行查看。

图 2-2　声学多普勒流速仪

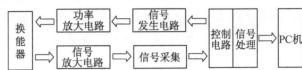

图 2-3　系统结构图

（1）换能器模块

超声波换能器是一种能量转换器件，它的功能是将输入的电功率转换成机械功率（即超声波）再传递出去，而自身消耗很少的一部分功率。它是 ADV 系统中的一个重要组成部分，它的结构形式和材料性能非常重要，会直接影响测量的准确度。按其工作原理，换能器可分为压电式、磁滞伸缩式、电磁式等，其中，压电陶瓷换能器在实际应用中最常见。

换能器采用压电式陶瓷就是利用其压电效应原理，当发射超声波时，利用逆压电效应，在晶体上施加交变电压，相应地在一定的晶轴方向上将产生机械变形或机械应力，即产生电致伸缩震动而发生超声波。当交变电压撤去后，晶体内部的应力或变形也随之消失。根据共振原理，当外加交变电压的频率等于晶体的固有频率时就产生共振，此时发生的超声波最强。其原理图如图 2-4 所示。

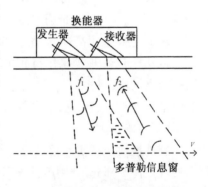

图 2-4　换能器工作原理示意图

目前市场上有不少换能器元件厂商，可以采用与供应商合作开发，由供应商定制的方式进行。换能器模块研发主要需解决以下问题：

① 结构尺寸设计。ADV 设备应用于水槽或模型试验，要求仪器对测量水流干扰小，因此尺寸要尽可能小，结构上也要尽可能合理，水流阻力要小。

② 声波频率设计。实验室水流试验需要尽可能高的采集频率，以便研究

綮流结构,这要求换能器发射的声波频率要高,即能进行高频振动。

③ 声电转换效率。拟采用陶瓷片方式,主要解决换能器高频特性下的声电转换效率并减小余震。

(2) 信号发射模块

信号发射模块使用晶体振荡器,产生预定频率,然后经过分频、相位比较及低通滤波等处理后,可以输出稳定的脉冲周期信号,最终发射波的频率范围是可调整的,发射器的主要要求是具有稳定的工作频率。基本周期信号产生以后,首先要经过放大和滤波,增强信号的功率能量,由于换能器的输入阻抗较大,同时要求功率比较高,因此需要信号的输出阻抗和换能器的输入阻抗相匹配,另外,在信号放大前,要加入屏蔽信号线,以保证信号免受其他信号干扰。

(3) 信号处理模块

发射信号经过水声环境的作用后,回波信号变得较为复杂。首先,含有流速信息的声散射回波信号是有有限脉宽的,频率不是唯一变化的信号参数;其次,声散射过程是由各种类型散射体引起的随机信号分量的连续空变积分。信号处理模块主要实现回波信号的接收和处理,换能器收到的反射信号经过放大电路和 A/D 电路,进行信号滤波和信号放大,将电信号转化为数字信号传递给 DSP,所有电路均采用失真度和温漂小的器件,可为软件数据处理提供高质量的测量信号,包括接收机板、低功耗 DSP 板等部件。

接收机板用于完成各通道回波信号的放大、补偿和解调,包括低噪声前放电路、TVC 补偿电路、带通滤波电路、解调电路、低通滤波电路、缓冲放大电路等。A/D 电路选用高速、高精度的采样芯片,同时进行滤波和噪声消除。

低功耗 DSP 板拟采用市面主流的芯片产品为核心,具备多通道高速 A/D/DA/数字 IO 接口、大容量数据存储器、串行口通信、网络通信接口等,能够实现实时信号处理、控制、通信、存储等功能,全速工作功耗小。

(4) 软件模块

软件模块包括实时信号处理与控制软件、系统检测与电源管理软件、数据后处理软件等部分,分别运行于不同的软硬件平台,完成不同的功能。

所有软件设计均采用了标准的模块化设计,即各基本模块负责完成不同的功能,模块之间相对独立,这样的软件系统结构清晰、功能明确,使得系统随任务的复杂化需求和技术的发展易于升级、改造和维护,也使用户可根据不同需求选择最优组合,在可扩展性、可继承性和可维护性上都有很大的优势。

实时信号处理与控制软件运行于水下低功耗 DSP 中,主要实现整个 ADV 的流程控制、数据采集、流速算法实现、外设接口及传感器控制、数据存储、传输等功能。利用 DSP 核对数据信号进行 FIR 滤波(结构如图 2-5 所示)和 FFT

变换,利用内核作简单的数据计算,计算出水的流速,并且利用控制接口实现串口输出、网络化和存储功能。为了方便以后数据后处理的实现,可将流速数据及测量它们的时间和测量地点一起以文本形式存储起来,这种方式比较简单且容易编程实现,降低了开发任务难度。

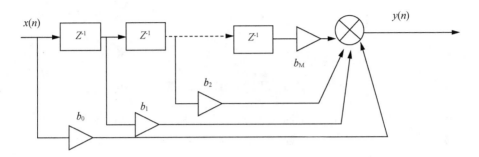

图 2-5　FIR 滤波器的结构图

图 2-5 中的系统函数:

$$H(z) = \sum_{n=0}^{M} h(n) \cdot Z^{-n} = b_0 + b_1 Z^{-1} + b_2 Z^{-2} + \cdots + b_M Z^{-M}$$

差分方程:

$$y(n) = b_0 x(n) + b_1 x(n-1) + b_2 x(n-2) + \cdots + b_M x(n-M)$$
$$= \sum_{k=0}^{M} b_k \cdot x(n-k)$$

系统检测与电源管理软件运行于功耗低的单片机上,它们负责完成主机系统的状态检测,确保主机运行状态良好,以及工作、休眠、唤醒等状态切换的电源管理工作,从而大大降低系统的整体功耗。

数据后处理软件运行于 PC 端,以 PC 机为硬件平台,主要实现对数据的预处理、特征提取、数据归类以及根据用户需求进行常见的数据分析等功能。

2.1.4　关键技术

(1) 硬件电路设计

该原理样机(如图 2-6 所示),主要包含阻抗匹配电路、功率放大电路、信号发生电路、信号控制电路、滤波电路、混频电路、数据采集电路、数字信号处理器电路。其中各个子电路分别组成发射电路模块、接收电路模块、数据采集模块及数据处理通信模块。

信号发生电路主要采用 STM 32 系列芯片,通过该芯片产生两路方波。其

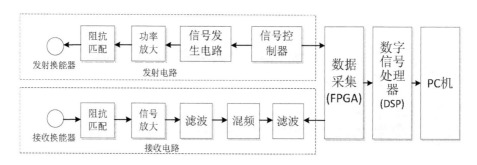

图 2-6　原理样机系统结构图

中一路信号频率为 5 MHz,幅值在 3.3 V 左右,通过门电路的控制,发射方波信号,周期为 125 ms;另一路信号频率调频方波,幅值为 3.3 V 左右,连续发射,供接收端的混频器使用。

原样机具有 RS 232 串口通信功能,实时将温度数据返回至 DSP,对当前流速数据进行修正。

温度采集系统采用数字温度传感器 DS 1820,测温范围−55 ℃～＋125 ℃,固有测温分辨率 0.5 ℃,可根据现场情况校正超声波在水中的传播速度。

信号放大与换能器匹配主要是采用双路高压低失真电流反馈型运算放大器,采用运放并联输出扩流电路,提高输出功率,使得发射端能够驱动换能器,保证接收的信号能够处理。

小信号谐振放大器与低频小信号放大电路存在一些相同点和不同点。相同的是,都需要晶体管工作在线性范围,因而需要设计偏置电路;不同的是,本系统所放大信号的频率远比低频放大电路信号频率高。因此,一方面在电路组成上应将低频放大电路中的低频三极管换成具有更高特征频率的高频三极管,考虑到海水背景噪声的影响,最好是用高频低噪声晶体管,将集电极负载换成LC 选频网络;另一方面在电路分析与设计中,应重点考虑电路的高频特性与选频特性。

由于第一级选频放大电路的是以晶体管为核心的,其增益越高就会带来非线性失真越多,另外,因为选频网络 Q 值越大通频带越窄,不能为多普勒回波信号提供足够的带宽,所以,当第一级选频网络放大倍数不够时,为了提高信噪比,提取有用信号,需要实现进一步放大的电路。原样机采用芯片为单电源运放,该芯片高带宽、低噪声、建立时间极短、谐波低失真,轨对轨输出摆幅,具有较宽的共模范围设计。

经选频放大后的回波信号成分主要是本振信号和含有流速信息的回波信号,为提取多普勒频移量,进行乘法混频,即两个不同的频率信号经过乘法混频以后产生新的频率信号。

陶瓷滤波器具有幅频、相频特性好、体积小、信噪比高等特点,已被广泛应用在彩电、收音机等家用电器及其他电子产品中。原样机采用中心频率为 455 kHz、通频带为 35 kHz 的陶瓷滤波器,经过陶瓷滤波器滤去混频后的高频信号后,剩下带有频偏的 455 kHz 信号。

经过解调滤波之后的多普勒频移信号依然很弱,因此在送放入 A/D 转换电路之前需要进行放大,以满足 A/D 采样的需要。

模拟电路输出的信号通过 A/D 进行模拟转数字信号,再由 FPGA 控制采集数字信号,并进行存储。采集电路主要是对换能器接收并处理后的信号进行 A/D 转换,再将 A/D 转换后的数字信号传送给 FPGA,最后由 FPGA 将数据存储到外围 SDRAM 存储单元并传输给 DSP。该设计中,对于二维流速仪来说,接收信号为 2 路,因此采用 1 片 A/D(AD9238)芯片即可完成 2 个通道的同步转换。为了后续更多路(3~4 路)信号的扩展,电路中实际采用 2 片 A/D(AD9238 芯片),其中一片为预留。同样,为了更多路(3~4 路)信号的同步采集,在 FPGA 外围的存储则采用了 2 个 SDRAM 芯片,这样保证了 2 个接收通道同时保存数据,也为后续扩展做预留。最后由 FPGA 把数据从 2 个 SDRAM 中分别读取出来后依次发送给 DSP,这样即完成了一次数据的采集过程。

（2）流速算法处理

在算法处理上,经历了由经典 FFT 算法到复自相关算法的升级。信号处理部分,主要采用快速傅里叶变换方式,将采集的数据通过数字滤波方式,保留有效信号,再通过快速傅里叶变换获得采集信号的频谱,最后将所有的频谱信息经过加权的方式计算信号的频率。其流程图如图 2-7 所示。

算法主要包含四个模块,即快速 FFT 变换、数字滤波、频率计算和速度计算。

① FFT 是离散傅立叶变换的快速算法,可以将一个信号变换到频域。有些信号在时域上是很难看出什么特征的,但是如果变换到频域之后,就很容易看出特征了。

② 信号进行 FFT 变换后,提取有效的频率信息,并对频率信息进行滤波,获得信号频率。

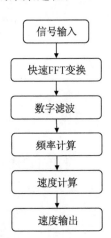

图 2-7　算法流程图

③ 再将该段信号中的频谱信息经过加权的方式计算出信号的频率。

④ 最后通过频率与速度之间的二维/三维的转换公式,计算速度值。

在实现 FFT 算法过程中,遇到的如下几个问题。

① 采集频率:发射时间长,数据量大,则导致采集频率低。

② 低速测量：受算法影响，分辨率低。

③ 空间分辨率低：发射时间长，则导致在空间上有很长的距离信号均可以被获得，空间分辨率低。

基于以上问题，通过升级算法进行改进，采用复自相关算法，其他流程不变，具体过程如下。

设回波信号为

$$f(t) = A_m \cos(\omega_m t + \omega_D t + \theta) \tag{2-1}$$

式中：A_m 为回波幅值；ω_m 为载频；ω_D 为频偏；θ 为初始相位。其正交解调如图 2-8 所示，用相互正交的两路信号分别与输入信号做乘法运算，得到混频信号为

$$\begin{cases} x_1(t) = f(t) \cdot \sin(\omega_m t) = \dfrac{1}{2} A_m [\sin(2\omega_m t + \omega_D t + \theta) - \sin(\omega_D t + \theta)] \\ x_2 t = f(t) \cdot \cos(\omega_m t) = \dfrac{1}{2} A_m [\cos(2\omega_m t + \omega_D t + \theta) + \cos(\omega_D t + \theta)] \end{cases} \tag{2-2}$$

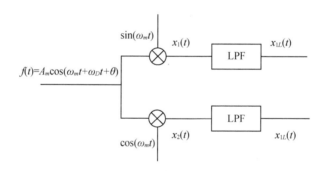

图 2-8 信号的正交解调

使用低通滤波器滤除 $x_1(t)$ 和 $x_2(t)$ 中的高频部分，可以得到：

$$x_{1L}(t) = -\frac{1}{2} A_m \sin(\omega_D t + \theta)$$

$$x_{2L}(t) = \frac{1}{2} A_m \cos(\omega_D t + \theta) \tag{2-3}$$

根据式（2-3）有

$$x_{2L}(t) = HT\{x_{1L}(t)\} \tag{2-4}$$

式（2-4）经过希尔伯特变换后，合成复数信号为

$$s(t) = \frac{1}{2} \exp(-j\omega_D t) \exp(-j\theta) \tag{2-5}$$

可见对于幅度调制信号可以在通过正交变频得到实信号的复数形式,下面对该复函数做复自相关运算有

$$s(t) = x_{2L}(t) + jx_{1L}(t) = \frac{1}{2}A_m\cos(\omega_D t + \theta) - \frac{1}{2}jA_m\sin(\omega_D t + \theta)$$

(2-6)

进而得到复自相关值

$$s = \int_0^T s(t)s(t+\tau)\mathrm{d}t = \int_0^T\left[\frac{A_m^2}{4}\cos(\omega_D\tau) + j\frac{A_m^2}{4}\sin(\omega_D\tau)\right]\frac{TA_m^2}{4}\exp(j\omega_D\tau) \quad (2\text{-}7)$$

由式(2-7)可以看出,s 值与初始信号的角频率及回波信号的初相位无关,仅与回波信号的频率有关,证明了由复自相关函数计算多普勒频移的可行性。

上述推导给出了理想状态下利用复自相关技术求出频率的方法,但是在实际的测量过程中,由于接收的回波含有一定的噪声等因素,收到的回波往往不是单一频率的波,而是带有一定的谱展宽,如图 2-9 所示。在这种情况下,就应该用一种频率估计的方法来计算其中心频率的大小。

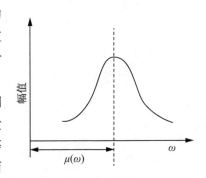

图 2-9 谱展宽示意图

设观测信号为 $x(t)$,它由待测信号 $s(t)$ 和加性高斯白噪声 $n_W(t)$ 组成,并认为观测信号是平稳的。观测信号可用式(2-8)表示。

$$x(t) = s(t) + n_W(t)$$

(2-8)

那么观测信号的自相关函数可以表示为

$$R(\tau) = E[\overset{*}{x}(t)x(t+\tau)]$$

(2-9)

如果认为信号和白噪声不相关,则有

$$R(\tau) = E[s(t)s(t+\tau)] + E[\overset{*}{n}_W(t)n_W(t+\tau)] + E[\overset{*}{s}(t)n_W(t+\tau)] +$$

$$E[\overset{*}{n}_W(t)s(t+\tau)]$$

$$= R_s(\tau) + R_n(\tau)$$

(2-10)

而白噪声信号的自相关函数的特点是

$$R_n(\tau) = \begin{cases} R_n(0), \tau = 0 \\ 0, \tau \neq 0 \end{cases} \qquad (2-11)$$

那么把式(2-10)代入式(2-11)中有

$$R(\tau) = R_S(\tau), \tau \neq 0 \qquad (2-12)$$

这说明可以通过对观测信号自相关函数进行估计,可以得到待测信号的自相关函数。信号的自相关函数和信号的功率谱是一个傅里叶变换对,即

$$\begin{cases} R_S(\tau) = \dfrac{1}{2\pi}\displaystyle\int_{-\infty}^{+\infty} S_S(\omega)\exp(j\omega\tau)\,d\omega \\ S_s(\omega) = \displaystyle\int_{-\infty}^{+\infty} R_S(\tau)\exp(-j\omega\tau)\,d\tau \end{cases} \qquad (2-13)$$

式中:$S_s(\omega)$ 为信号的功率谱,它是信号的幅度谱的平方。可以把自相关函数表示成的极坐标形式

$$\begin{cases} R(\tau) = A(\tau)\exp(j\phi(\tau)) \\ R_s(\tau) = A_s(\tau)\exp(j\phi_s(\tau)) \\ R_n(\tau) = A_n(\tau)\exp(j\phi_n(\tau)) \end{cases} \qquad (2-14)$$

$$|A(\tau)| = \sqrt{\text{Re}R(\tau)^2 + \text{Im}R(\tau)^2} \qquad (2-15)$$

$$\phi(\tau) = \arctan\frac{\text{Im}R(\tau)}{\text{Re}R(\tau)} \qquad (2-16)$$

显然,根据自相关的定义,$A(\tau)$、$A_s(\tau)$、$A_n(\tau)$ 为偶函数,$\phi(\tau)$、$\phi_s(\tau)$、$\phi_n(\tau)$ 为奇函数。对式(2-14)中 $R_S(\tau)$ 式的两边进行求导运算可得

$$\overset{*}{R}_s(\tau) = \frac{d}{d\tau}R_s(\tau) = [\overset{*}{A}_s(\tau) + jA_s(\tau)\overset{*}{\phi}_s(\tau)]\exp(j\phi_s(\tau)) \qquad (2-17)$$

注意到 $A_s(\tau)$ 是偶函数,它的导函数为奇函数,则 $A_s(0) = 0$,那么

$$\overset{*}{R}_s(0) = j\overset{*}{\phi}_s(0)R_s(0) \qquad (2-18)$$

另外对式(2-13)的两边求导可得

$$\overset{*}{R}_s(\tau) = \frac{j}{2\pi}\int_{-\infty}^{+\infty} \omega S_S(\omega)\exp(j\omega\tau)\,d\omega \qquad (2-19)$$

当 $\tau = 0$ 时,有

$$\overset{*}{R}_s(0) = \frac{j}{2\pi}\int_{-\infty}^{+\infty} \omega S_S(\omega)\,d\omega \qquad (2-20)$$

另外根据式(2-13)有

$$R_s(0) = \frac{1}{2\pi} \int_{-\infty}^{+\infty} S_S(\omega) \mathrm{d}\omega \qquad (2\text{-}21)$$

那么功率谱 $S_s(\omega)$ 的一阶矩为

$$\mu_1(\omega) = \frac{\int_{-\infty}^{+\infty} \omega s_s(\omega) d\omega}{\int_{-\infty}^{+\infty} s_s(\omega) d\omega} = \frac{-j \dot{R}_s(0)}{R_s(0)} = \dot{\phi}(0) \qquad (2\text{-}22)$$

当 $\tau \neq 0$,并且充分小时,有

$$\dot{\phi}_s(0) \approx \frac{\phi_s(\tau) - \phi_s(0)}{\tau} = \frac{\phi_s(\tau)}{\tau} \qquad (2\text{-}23)$$

把式(2-22)代入式(2-23),有

$$\mu_1(\omega) \approx \frac{\phi_s(\tau)}{\tau} \qquad (2\text{-}24)$$

结合式(2-14)和式(2-12), $\phi_s(\tau)$ 可由信号的自相关函数求得

$$\begin{cases} \phi(\tau) = \arctan \dfrac{\mathrm{Im}R_x(\tau)}{\mathrm{Re}R_x(\tau)}, \phi_s(\tau) \in \left[-\dfrac{\pi}{2}, \dfrac{\pi}{2} \right] \\ \phi_s(\tau) = \arctan \dfrac{\mathrm{Im}R_x(\tau)}{\mathrm{Re}R_x(\tau)} \pm \pi, \phi_s(\tau) \in \left[-\pi, -\dfrac{\pi}{2} \right] \bigcup \left[\dfrac{\pi}{2}, \pi \right] \end{cases} \qquad (2\text{-}25)$$

对于 $\phi(\tau) \in (-\pi, \pi)$, $\mu_1(\omega) \in \left[-\dfrac{\pi}{\tau}, \dfrac{\pi}{\tau} \right]$ 换算成频率表示为

$$\mu_1(f) \in \left[-\frac{1}{2\tau}, \frac{1}{2\tau} \right] \qquad (2\text{-}26)$$

式(2-26)说明,用功率谱的一阶矩作为多普勒频移的估计,最高频率大于 $\dfrac{1}{2\tau}$ 时将产生模糊,这是选择 τ 的依据之一。

从以上推导可知,只要选择合适的 τ ,可以通过观测信号的复自相关函数,估计待测信号功率谱的一阶矩。在 ADV 设备中可以用功率谱的一阶矩作为多普勒频移的估计。

采用 C++语言编写上位机软件,该软件主要实现数据的显示、数据存储、参数设置等功能。

2.2 分布式表面流场测量系统

2.2.1 概述

在河工模型试验中,采用粒子图像测量技术 PIV 测量表面流场可以获取河流泥沙工程中的流速分布信息,从而可以对河流水动力结构进行研究,为工程方案提供科学依据。河工模型试验中的 PIV 技术与水槽实验中的常规 PIV 技术的区别主要在于:① 测量区域比常规 PIV 大得多,通常摄像头架设的位置离测量区域较远,为了满足图像处理的要求,所采用的示踪粒子粒径较大;② 照明系统通常采用普通光源(甚至可以是自然光)照明,而常规 PIV 需要专门的激光片光源进行照明。

目前的流场测量系统能够多次自动测量大范围的表面流场,较好地解决模型试验的流场测量问题,但也存在需要进一步改进的地方:① 安装及标定过程较复杂;② 布线麻烦;③ 测量过程中需对每个通道的图像进行手动阈值调整;④ 流场错误矢量剔除,费时费力。

2.2.2 基本原理

基于粒子图像测速技术(Particle Image Velocimetry)研制的大范围表面流场测量系统,采用千万像素高清智能一体化工业摄像机,通过无线网络与电脑连接,将先进的数字图像处理算法与流体力学基本理论相结合,能同步采集大范围多通道的流场数据。

2.2.3 系统构成

系统采用局域网组网与光纤传输相结合(如图 2-10 所示),通过 POE 千兆网交换机与高清智能一体化工业摄像机相连,供电的同时传输图像,完成摄像机局域网组网后,通过光纤收发器进行长距离图像传输,满足远距离、高速、高宽带的快速以太网工作的需要,达到

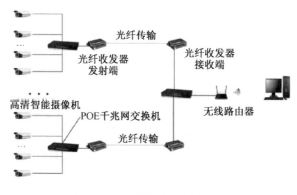

图 2-10　系统组网示意图

长距离的高速远程互连。然后通过交换机与无线路由器传输,实现计算机终端的无线连接。由于采用了 POE 供电,显著降低了布线复杂度,系统传输距离远,布设简单,集成度高,可扩展性强。

2.2.4　关键技术

（1）硬件系统

系统采用 1 200 万像素高分辨率智能一体化工业摄像机(如图 2-11 所示),图像分辨率 4 000×3 000 像素,配置红外自动增益,自适应光线调节,自动变焦(2.8～12 mm)等功能,安装高度 12 m,终端拍摄范围为 20 m×18 m。可实时拍摄彩色高清照片,配置红外自动增益、自适应光线调节、背光补偿、数字宽动态,特别适用于大型河工模型长时间测量,能自动消除光线变化影响。标准型工作温度范围为-30 ℃~60 ℃,配有一体化 IP67 防护等级护罩,有效解决模型试验中温度、湿气等问题,保证系统长期稳定运行。另外,支持智能化嵌入图像处理

图 2-11　高分辨率智能一体化摄像机

算法,显著提高了图像处理速度,可保证多通道瞬时同步采集。

智能一体化工业摄像机具有千兆网接口,并采用 POE(Power Over Ethernet)供电,通过 POE 千兆网交换机,仅用一根网线便可同时完成图像传输和摄像机供电,无须另外再配供电线路,显著降低了布线的复杂度,扩展简单,节能环保,如图 2-12 所示。

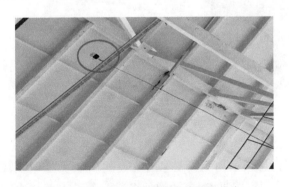

图 2-12　POE 千兆网图像传输及供电

（2）示踪粒子

系统测量采用自主设计研制的高性能示踪粒子，该示踪粒子呈扁球形，顶部为平面，直径为 1 cm。采用聚丙烯（Polypropylene，简称 PP）塑料（如图 2-13 所示），具有较好的反光性，确保粒子具有较高的成像质量，粒子具有白色、红色、绿色、蓝色四种颜色，可应用于彩色粒子图像测速。该粒子密度约为 0.91 g/cm³ 与水接近，能确保其漂浮在水面上并较好地跟随水流运动，并且不易聚集成团，保证了测量结果能真实准确反映水流速度。通过在试验水槽中进行严格的示踪粒子跟随性试验测试可以得出结论：示踪粒子能在较短的时间内跟随水流运动，具有较好的水流跟随性，如图 2-14 所示。

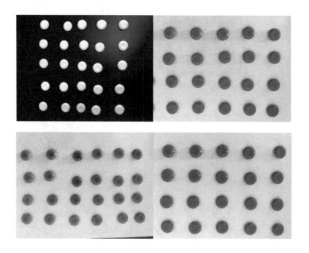

图 2-13　彩色示踪粒子

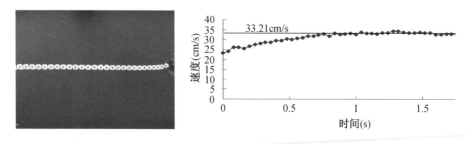

图 2-14　示踪粒子跟随性试验

（3）分布式流动显示图像自动识别技术

全自动采集，无须手动设置图像阈值等，采集时可实时监控分布式多通道粒子分布情况。采用先进的数字图像处理 PIV 算法与流体力学基本理论相结合（如图 2-15 所示），同步采集大范围多通道的流场数据，支持 PIV 互相关算法和 PTV 粒子跟踪算法。

图 2-15 数字图像分布式智能采集与分析

传统的粒子图像测速方法采用黑白摄像头拍摄粒子图像,光照条件要求高,水面波动及模型表面反光等情况对粒子识别准确率影响较大;由于黑白粒子图像中光照噪声难以消除,大型模型试验中特别是水流流态及光照条件复杂情况下的错误流速矢量通常较多,较难获取完整准确的流场数据。

为了克服黑白粒子图像测速技术难以解决的难题,引入彩色图像处理技术,通过增加彩色信息有效提高粒子识别与匹配准确率,进一步提高模型试验流场测量技术水平。

在彩色示踪粒子研究基础上,在模型试验中同时布撒多种颜色的示踪粒子并通过彩色高清摄像机拍摄图像。彩色粒子图像识别的第一步是彩色颜色空间(又称彩色模型)的选择,通过对模型试验中彩色粒子成像特征分析,本项目研制了白色、红色、绿色、蓝色 4 种颜色的示踪粒子,在彩色图像 RGB 颜色空间具有较高的辨识度,便于粒子识别。在模型试验中有灯光干扰的情况下,不宜采用白色示踪粒子,而采用红色、绿色、蓝色则可以较好地将目标粒子与模型背景区分开来,显著提高粒子识别准确率。

团队在综合直方图阈值法、区域生长法等彩色图像分割方法后,进一步研究了彩色粒子图像的自适应提取算法。

二值化方法中多认为灰度直方图的分布具有双峰,分别与图像的背景和物体对应,并且在双峰之间存在着谷点,当阈值取为谷点时,认为对图像进行了最好的分割。

当采用红色示踪粒子时,取 $G = \sqrt{(R-255)^2 + G^2 + B^2}$,进行图像直方图统计,取双峰之间谷点作为阈值,对粒子图像进行分割。

当采用绿色示踪粒子时,取 $G = \sqrt{R^2 + (G-255)^2 + B^2}$,进行图像直方图统计,取双峰之间谷点作为阈值,对粒子图像进行分割。

当采用蓝色示踪粒子时,取 $G = \sqrt{R^2 + G^2 + (B-255)^2}$,进行图像直方图统计,取双峰之间谷点作为阈值,对粒子图像进行分割。

在进行图像分割后,进行区域生长及区域标记,即可确定出粒子中心点坐标。

在进行 PTV 匹配时,首先通过粒子颜色进行初步匹配,然后综合考虑单个粒子的连续性运动特征及粒子运动的群体性位置和颜色分布特征,研究彩色粒子图像的自动精确 PTV 算法。

本项目结合互相关算法,对粒子图像进行匹配,并采用基于 Hartley 变换的互相关算法提高粒子匹配速度及准确率。

Hartley 变换是类似于傅里叶变换的积分变换,其正反变换的积分核相同,具有傅里叶变换的大部分特性,且实序列的 Hartley 变换仍是实序列,避免了变换过程中的冗余性,能成倍地节约内存空间。另外,快速 Hartley 变换(FHT)采用快速傅里叶变换(FFT)的结构形式,能进一步提高运算速度,更适合应用于批量粒子图像分析。

与二维傅里叶变换不同,二维 Hartley 变换的积分核存在两种选择: $cas(ux + vy)$ 、 $cas(ux)cas(vy)$ 。式中 $cas(\alpha) = cos\alpha + sin\alpha$ 。

为了便于快速实现,选择可分离的第二种形式,并得到如下的正逆变换表达式:

$$H(u,v) = \int_{-\infty}^{+\infty}\int_{-\infty}^{+\infty} f(x,y)cas(ux)cas(vy)\mathrm{d}x\mathrm{d}y \qquad (2\text{-}27)$$

$$f(x,y) = \int_{-\infty}^{+\infty}\int_{-\infty}^{+\infty} H(u,v)cas(ux)cas(vy)\mathrm{d}u\mathrm{d}v \qquad (2\text{-}28)$$

定义由二维 Hartley 变换构造的奇函数与偶函数:

$$H_o(u,v) = \frac{1}{2}\big[H(u,v) - H(-u,-v)\big] \qquad (2\text{-}29)$$

$$H_e(u,v) = \frac{1}{2}\big[H(u,v) + H(-u,-v)\big] \qquad (2\text{-}30)$$

可得二维傅里叶变换与 Hartley 变换的关系:

$$F(u,v) = H_e(u,-v) - jH_o(u,v) \qquad (2\text{-}31)$$

二维数据 $p(x,y)$ 与 $q(x,y)$ 的互相关函数的表达式为

$$R(t_x,t_y) = \int_{-\infty}^{+\infty}\int_{-\infty}^{+\infty} p(x,y)q(x+t_x,y+t_y)\mathrm{d}x\mathrm{d}y$$

$R(u,v)$ 、 $P(u,v)$ 、 $Q(u,v)$ 分别对应 $R(t_x,t_y)$ 、 $p(x,y)$ 与 $q(x,y)$ 的 Hartley 变换,可得到二维 Hartley 变换的互相关表达式

$$R(u,v) = P_e(u,v)\,Q_e(u,v) - P_0(-u,v)\,Q_e(u,-v) + P_e(-u,v)\,Q_0(u,v) -$$
$$P_0(u,v)\,Q_e(u,-v) \tag{2-32}$$

完成自动识别和流场提取后,采用可视化错误矢量剔除方法(如图 2-16
所示),通过拖拉速度大小及方向范围控制进度条,可实时突出显示错误矢量
并剔除,处理速度非常快,并可进行网格插值、断面流速插值(如图 2-17 所
示)、定点插值等,数据后处理快速方便。

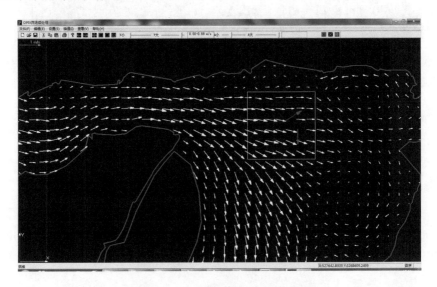

图 2-16　可视化错误矢量剔除处理

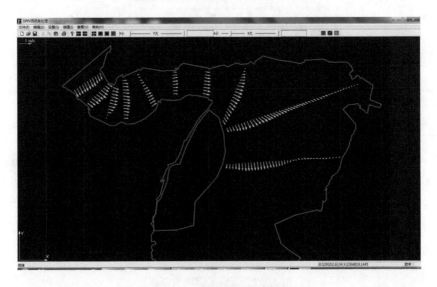

图 2-17　指定断面流速插值

数据可直接导出 TXT、CAD、TECPLOT、BMP 等多种格式,并可生成流场等值线图(如图 2-18 和图 2-19 所示)、流线图(如图 2-20 所示)等,并支持将流场数据与地形、浓度场等数据结合,进行三维可视化显示(如图 2-21 和图 2-22 所示)。

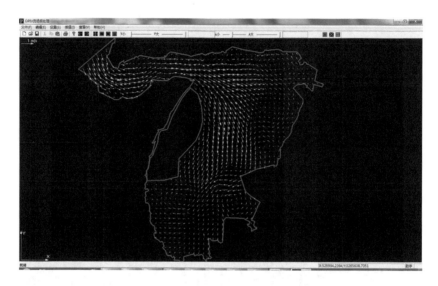

图 2-18　全流场图

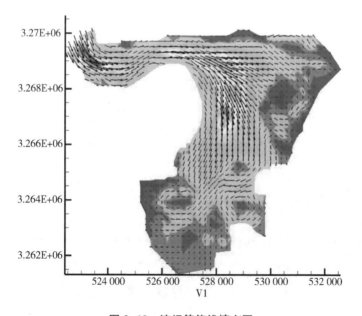

图 2-19　流场等值线填充图

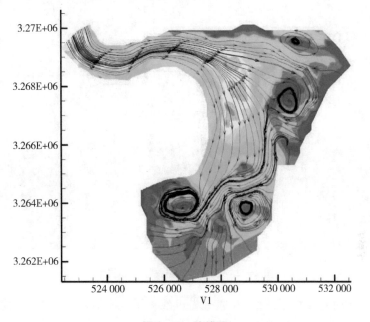

图 2-20 流线图

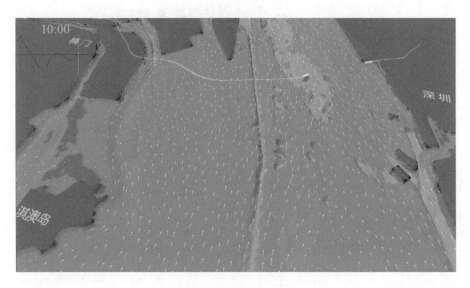

图 2-21 三维流场显示

图 2-22　三维浓度场叠加流场显示

　　通过实时采集粒子图像,并通过先进的粒子识别算法,可实时生成动态可视化流迹线(如图 2-23 所示),并可保存为视频。

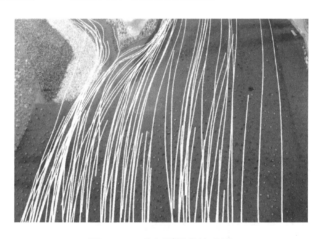

图 2-23　动态可视化流迹线

2.3　水位仪

2.3.1　概述

　　在水运交通海洋工程现场原型或河工、港工物理模型试验中都需要实时或间隔观测收集水位数据变化过程。

水位作为水动力学模拟试验中最重要的基本参量之一，如何实时采集获取其数值的精准度，是作为物理模型边界水位(潮汐)等变化过程控制与采集的主要判据之一。具体试验中按需求跟踪选择不同地名位置(或编号)1~8 台水位仪实测数据反馈作为模型水位或流量边界过程线发生与过程模拟精度和重复性优劣的基本依据。

天然现场原型水位数据常用定点(水文站)、定时(时间整点)观测，并按日、月、年等时间历程收集统计与整理归档。

模型实验厅水位数据受试验确定的时间比尺规定与限制，其演变过程和变化较快；其数据采集要求模型中 1~n 台水位仪具有实时响应各点水位变化、收集同步、量测精准等指标性细化要求。

不同的水位仪在具体使用中存在以下问题。

① 压力式。尺寸较大，将传感器直接投入水中后，受水温影响，温漂比较大，水质变化的腐蚀影响与模型水含沙会堵塞、损伤感应头，水流冲击会导致感应头晃动，因此压力式水位仪在模型布设中比较困难。

② 增量式。由于编码器无法预存水位测针常数、掉电后数据易丢失、模型试验前需确定测针常数，使稳水等待时间延长。

③ 光栅式。仪器开机后机器内部因温度升高产生温漂变化使输出数据累积偏差，采用差分双探感应莫尔条纹可适当减小偏差。

④ 容栅式。受试验厅环境温度，尤其是环境湿度影响很大，在潮湿的环境中容栅传感器电容基片极不稳定，产品推出后不久用户认可度不高，淘汰周期短。

⑤ 步进电机式。电机驱动后按规律性节拍步进细分计数折算水位值，并兼顾跟踪探测水位变化。现有步进电机技术节拍分频已发展较成熟，使用中发现丢步现象出现概率高(尤其在水面纹动时)，直接影响到数据可靠性；此外，当模型水位升/降过程斜率较大时，由于步进速度是恒定的，水位跟踪存在滞后，无法真实响应水面变化，非恒定流物模中一般不使用。

以上诸多水位仪虽然理论上传感器分辨精度足够高，但整机实际精度通常大于 0.2 mm，原因是仪器机械传动与跟踪响应和软件处理等方面细化不够，也没有从技术角度考虑补偿因子和水温、水质补偿。

随着河工模型试验对测量精度和效率的要求不断提高，水位仪正逐渐向无线化发展。

2.3.1.1　基本原理

等节距的透光和不透光的刻线均匀相间排列构成的光学元件称为光栅。主光栅与指示光栅成一定夹角叠放时在另一方向上形成明暗相间的条纹称为

"莫尔条纹"。利用光栅进行精密位移测量时,当指示光栅与主光栅发生相对运动,莫尔条纹也作同步移动。由于栅距被放大许多倍,光学元件测出莫尔条纹的移动,动过脉冲计数得到位移的度量。

经过预处理电路,消除光栅来回换向时可能附加的尖峰然后送入单片机进行处理,获得正确的水位值。因为光栅尺要上下两个方向运动,故计数器应该为加减计数器。当然也可以做成圆盘形,圆光栅上的刻线可以沿半径方向或是圆周方向,因而可以形成不同的莫尔条纹,用于不同的线位移或角位移测量场合。

传感器在制造时必须保证主光栅和指示光栅的光栅线保持固定的微小夹角,光栅面保持合适的微小间距,这样当被测物体连接的主光栅与处于固定位置的指示光栅发生相对位移时,通过光学元件检测莫尔条纹数量和方向即可得到位移量或转角大小以及它们的方向信息。

显然,根据莫尔条纹宽度公式得到的莫尔条纹间距比原来光栅本身的栅距 W 放大了 $1/\theta$ 倍,因此,传感器可以通过检测莫尔条纹的数量得到光栅相对位移量。主光栅通常固定在被测物体上,并且随被测物体移动,主光栅的长度决定传感器的位移检测范围。光栅与光电元件属于传感器的固定部分,工作时通常被固定在机器的机架或机器壁上。光电元件用来感测随主光栅的移动而产生的莫尔条纹的光强变化,当两块光栅发生相对移动时,可以观测到莫尔条纹的光强变化。光栅每移动一个栅距,莫尔条纹便走过一个条纹间距,电压输出正好经历一个正弦变化周期,当光栅连续运动时,通过电路整形处理,这一正弦信号变成一串连续脉冲输出。脉冲数和条纹数与移过的光栅栅距是一一对应的,因此位移量为:$d=NW$,其中 N 为移过的莫尔条纹的数量,据此可以知道运动部件的位移量 d,节距角 θ。

2.3.1.2 仪器构成

光栅步进跟踪式水位仪(如图 2-25 所示),由 DSP 控制器、无线 ANT 模块、触摸屏、步进电机驱动器、步进电机、滚珠丝杠传动机构、光栅线性位移传感器(光栅尺)、RS 485 接口、水位探针及水针信号处理电路、上下限位开关和电源模块等组成,如图 2-26 所示。

当水位上下波动与水位探针产生相对位移时,水位探针输出信号送给水针信号处理电路,经过处理后产生连续变化的模拟量电压信号,该电压信号与水针的入水深度成非线性正比例关系,将此电压信号送给 DSP 控制器的模拟量接口。DSP 控制器比较实时模拟电压值与给定值(可调整,初定值为高灵敏区水针入水 2 mm 时的电压值)的偏差量,并将偏差量经过 PID 整定后,给步进电机驱动器提供不同的"脉冲"和"方向"控制信号。其中,偏差量越大(对应水针入水深度)则"脉冲"信号的频率越高,进而步进电机转速越快,反之同理;偏差

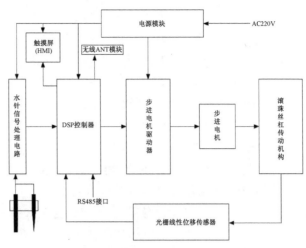

图 2-25　光栅步进跟踪式水位仪　　　图 2-26　光栅步进跟踪式水位仪测量框图

量为正值时，"方向"信号为高，电平控制电机正转，偏差量为负值时，"方向"信号为低，电平控制电机反转。

　　步进电机驱动器在控制信号的作用下，经过 1/8 的数字细分，产生相应的转动速度和方向。步进电机的转动带动滚珠丝杠传动机构上下运动，进而带动光栅尺的滑动尺和水位探针一起上下运动。找到水位探针预先给定的入水位置，读取此时光栅尺的读数，即可得到相应的水位值。

　　光栅尺的输出信号为相位差为 90°的 A、B 两相正交脉冲。滑动尺向上运动时，A 相超前于 B 相，读数增大；滑动尺向下运动时，B 相超前于 A 相，读数减小。A、B 两相正交脉冲信号送给 DSP 控制器的高速计数器接口，经过 4 倍频信号处理，得到最小分辨率为 0.005 mm 的线性读数。

　　DSP 控制器配置了独立的两路标准 RS 485 接口，分别供无线转换和有线采集用，两路 RS 485 接口均支持国际标准的 MODBUS 通信协议。配套的触摸屏除了具备常规的站号、水位值显示功能外，还具有站号设定、站点名称写入、水位常值设定、水针入水深度调整以及灵敏度调节等功能。

2.3.1.3　关键技术

　　（1）机械设计

　　步进电机选用混合式两相电机，步距角为 1.8°，也就是 200 步转一圈。电源可以设置为 2、4、8、16、32、64 及 128 细分，也就是将步距角减小 $1.8/n$（n 为细分数），从而可以在不采用机械减速的前提下，使测杆及光栅可滑动的最小长度小于 1 μm，达到设计要求的分辨率。

　　计数器采用 16 位计数器，计数值范围为 0～65 535，如果每一个计数脉冲单位为 0.01 mm,则测量范围为 0~655.35 mm,满足 0~400 mm 的测量要求。

水位仪机械部分实现的功能主要是通过点击传动轴,控制光栅尺移动头上下滑动,从而带动水位仪水面检测探针上下周期性的运动,其特点如下:

① 整体结构由型铝支撑,上下底板选用厚铝板;

② 内部结构采用定点螺纹支撑,结构稳定,耐用性好;

③ 四立面板中,前板为控制区,选择薄铝板并贴膜;

④ 控制面板设计考虑人体工学;

⑤ 水位探针设计成方便的螺纹结构,更换方便,结构稳定性好。

(2) 硬件电路设计

为了对光栅尺产生的信号进行计数,必须选择一款具备加和减双向计数功能的 MCU;为了提高系统的可靠性,在系统遇到外接干扰死机时必须自动复活,要求采用具有看门狗功能的 MCU。在综合考虑功能和系统成本的前提下,团队选择了 SAMSUNG S3C2416 芯片作为光栅水位仪的核心处理芯片。三星的 S3C2416 采用的是低功耗、高性能、低成本的 SAMSUNG ARM9 处理器,其具有以下特点:

① ARM926EJ 内核,主频 400MHz;

② 支持 DDR2、Mddr、SDRAM;

③ 支持 SD 卡快速启动;

④ 支持 4 个串口;

⑤ 支持 2D 图像加速;

⑥ 极低的 BOM 成本。

水针测试电路采用水电阻电桥平衡法。其探针设计图如图 2-29 所示。

光栅式水位仪采用 RS 232、RS 485 及无线传输三种通信方式供试验人员选择。RS 485 是常用的通信接口器件,采用 RS 485 Modbus 协议,实现水位仪量测数据向上位机的传输。Modbus 网络是一个工业通信系统,由带智能终端的可编程控制器和计算机通过公用线路或局部专用线路连接而成。其系统结构既包括硬件,也包含软件。它可应用于各种数据采集和过程监控,Modbus 网络只是一个主机,所有通信都由它发出。网络可支持多达 247 个远程从属控制器,但实际所支持的从机数要由所用通信设备决定。采用这种通信方式,各PC 可以和中心主机交换信息而不影响各 PC 执行本身的控制任务。

无线通信采用 nRF24L01 芯片,它是一款工作在 2.4~2.5 GHz 的世界通用 ISM 频段的单片无线收发器芯片。无线收发器包含频率发生器、增强型 schockburst 模式控制器、功率放大器、晶体振荡器、调制器和解调器。输出功率、频道选择和协议的设置可以通过 SPI 接口进行设置。

nRF24L01 具有以下特性：

① 低工作电压：可在 1.9～3.6 V 低电压下工作。

② 高速率：速率 2 Mbps，由于空中传输时间很短，极大地降低了无线传输中的碰撞现象。

③ 超小型：内置 2.4 GHz 天线，体积小巧，只有 15×39 mm(包括天线)。

④ 低功耗：当工作在应答模式通信时，快速的空中传输及起动时间，极大地降低了电流消耗。

⑤ 自动重发功能：自动检测和重发丢失的数据包，重发时间及重发次数可由软件控制，自动存储未收到应答信号的数据包时启动自动应答功能，在收到有效数据后，模块可以自动发送应答信号，无须另行编程载波检测。

2.3.2 绝对编码跟踪式水位仪

2.3.2.1 基本原理

根据相对运动原理，综合检测精度和运动状态反馈的相关影响因素，采用低速恒转矩交流伺服仪表电机直联，高精度微间隙滚珠丝杠传动和直线轴承拖动水针作直线式往复运动(含直线刚性垂直度位移补偿)，电机也采用直联方式。3 个同型平面细牙小模具数精密齿轮正弦式驱动光电绝对编码器瞬时/逆时旋转(含转动柔性转角位移补偿)。最大限度并有效地抵消并避免多级传动带来的各类误差(如齿轮间隙、同步带张力、水针探针杆晃动等影响)。另设计水位仪底板与模型水位平行水平调整工架(3 点支撑法)，安装时按平面上水平气泡调平。将编码器所记录的数值送至单片机处理器，计算出水位高度值并送入面板数码管实时显示所测量的水位值，通过串行口或 RS 485 并行口及无线模块传至上位机。

2.3.2.2 仪器构成

本仪器(如图 2-27 所示)主要由水位探针、光电绝对编码器、交流伺服电机、标尺、游标尺、轴耦合器、传动齿轮、支撑柱等构成(如图 2-28 所示)，交流伺服电机与编码器处于同一水平面上，交流伺服电机带动柔性齿轮旋转，同时使编码器齿轮旋转，此时编码器计数。交流伺服电机带动滚珠丝杠旋转，探针固定在探针导向杆上，经丝杠把转动运行转化为探针在竖直方向上的直线运动。

该水位仪特点如下：

① 编码器和交流伺服电机设置在同一水平面上，可以减少传动计数；采用柔性补偿齿轮将编码器齿轮与

图 2-27 绝对编码跟踪式水位仪

交流伺服电机齿轮相连接,可以自动调整系统齿轮间隙。

②将标尺与游标尺,游标尺与轴耦合器,轴耦合器与传动齿轮、丝杠连接在一起,构成竖直方向的直线运动,其稳定性好,结构刚性强,受力变形小。

③机体底座设计成三角底架形式,用膨胀螺栓与地连接,其稳定性好。

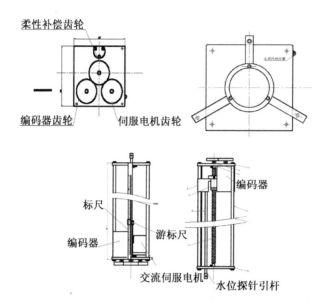

图 2-28　绝对编码跟踪式水位仪示意图

2.3.2.4　关键技术

（1）滚珠丝杠的选择

滚珠丝杠是由丝杠、螺母、滚珠等零件组成的机械传动元件,其作用是将旋转运动变成直线运动,或将直线运动转变成旋转运动。滚珠丝杠因优良的摩擦特性使其广泛地运用于各种工业设备、精密仪器、精密数控机床等。滚珠丝杠具有以下几方面的优良性能:

①传动效率高。在滚珠丝杠中,自动滚动的滚珠将力与运动在丝杠与螺母之间传递。这一传动方式取代了传统螺纹丝杠与螺母间直接作用的方式,提高了传动效率,也大幅降低了发热率。

②定位精度高。滚珠丝杠发热率低,温度变化小,在加工过程中对丝杠采取了预拉伸并预紧消除轴向间隙等措施,使丝杠具有更高的定位精度和重复定位精度。

③使用寿命长。由于对丝杠滚道形状的准确性、表面硬度、材料的选择等方面进行严格控制,滚珠丝杠的实际寿命远高于滑动丝杠。

（2）探针设计

为实现设备探测简单、维护方便的要求,团队根据水的阻抗要小于空气阻抗这一原理,设计了双探针结构见图2-29。探针组分别为长针和短针,长针充分与水接触,短针与水接触时获得相应电流信号。通过对电流信号的检测,就可以获得是否接触水面的信息。长探针内放置 NTC 热敏电阻,可以感应水体温度变化,给予相应的温度补偿。

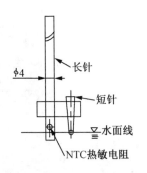

图 2-29 探针设计图

采用这一探针组的方式虽然原理简单,但需要应对水面表面张力及探针钝化问题。

由于存在表面张力及浸润作用,短探针入水/出水时均存在与水接触产生误差的问题。表现在探针入水/出水有连续的液位检测信号,导致检测信号有实测误差。误差在 0.1～0.3 mm 之间,导致检测的重复误差及动态误差不能满足 0.1 mm 的系统设计要求。

本项目设计时将短探针入水感应部分由锥形改成球形,由于球面是同样体积下表面积最小的形体,同时,球表面光滑,因此能减小入水表面张力,试验表明,使用球形探针可以减小采样的绝对误差,而且完全可以将误差控制在 0.01 mm 以内。

测量精度与探针(主要是短探针)的灵敏度直接相关。改进探针材质,能减缓电极钝化速度,使用交流极化电路,能延缓钝化时间。从处理结果来看以上方法能够满足要求,延长有效工作时间,减少了仪表维护次数,降低了维护频率。

（3）编码器的选择

光电编码器是一种通过光电转换将输出轴上的机械几何位移量转换成脉冲或数字量的传感器。常见的光电编码器有增量式编码器、绝对式编码器及混合式绝对值编码器。绝对式光电编码器具有没有累积误差,可以直接读出角度坐标的绝对值,电源切除后位置信息不会丢失等特点,因此本项目中设计的跟踪式水位计选择绝对式编码器。

绝对编码器是直接输出数字量的传感器(如图 2-30 所示),在它的圆形码盘上沿径向有若干同心码道,每条道上由透光和不透光的扇形区相间组成,相邻码道的扇区数目是双倍关系,码盘上的码道数就是它的二进制数码的位数;在码盘的一侧是光源,另一侧对应每一码道有一光敏元件;当码盘处于不同位置时,各光敏元件根据受光照与否转换输出相应的电平信号,形成二进制数。这种编码器的特点是不要计数器,在转轴的任意位置都可以读出一个固定的与位置相对应的数字码。码道越多,分辨率就越高。

图 2-30   码盘结构图

本设计选用的光电编码器,其特点如下:

① 主要由低功耗光源、光敏检测元件、不锈钢制成的码盘及信号处理电路组成;

② 分辨率高,每圈 1 024 码;

③ 采用光学原理,码盘间无机械接触,驱动扭矩小,可高速旋转,旋转寿命长;

④ 采用不全密封结构的防水航空插头引出信号线,可以不受模型潮湿环境的影响。

(4) 硬件设计

码盘式水位仪的主要设计重点是机械装置设计,硬件电路部分主要是负责数据的采集、处理和传输,因此,相对简单,主要由按键输入部分、微处理器、显示部分及通信部分组成,如图 2-31 所示。

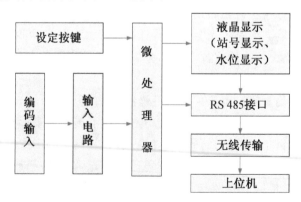

图 2-31   硬件构成

2.4 非接触式地形仪

2.4.1 概述

动床模型是根据实际地形资料,按照一定的比尺缩小后用模型沙在模型大厅内建造的。模型地形稍有误差,就有可能对试验产生较大影响,降低模型的相似性。因此必须尽可能提高模型制作的精度,而高性能的地形量测仪器正是提高模型制作精度的基本保证。只有利用高性能的地形量测仪器才能发现模型制作中的误差,进而进行修补纠正,保证模型拟真度,使试验结果能够真正反映真实情况。在试验过程中,需要准确量测模型地形参数和河势变化。地形参数在研究河床冲刷、淤积问题中有不可替代的重要作用,河势量测则对研究河道平面变形等问题具有重要意义。另外,为了将实体模型试验与数字模型相结合,地形量测仪器要为数学模型提供大量必要的模型空间地形信息,要求地形量测仪器能够快速、准确地完成模型地形的测量。而且因为模型表面一般为轻质模型沙,易受破坏,这也给河工模型地形测量提出了更高的要求。

由于河工模型地形数据的重要性和对采集精度以及采集效率的高标准要求,传统的采用测针或钢尺测量法,以及采用经纬仪和水准仪的地形测量方法已经不能满足需要,近年来,随着激光技术、超声波技术、光学技术、计算机技术以及图像处理技术等的运用,逐渐发展了光电反射式地形仪、电阻式冲淤界面判别仪、跟踪地形仪、超声地形仪和激光扫描仪等设备。河工模型地形测量技术正在从人工测量向自动测量,从接触式测量向非接触式测量,从单点测量向多点测量发展。

非接触式地形仪测量时不需要接触床面,对水流和地形无干扰,测量效率和精度较高。但激光在水下衰减较快无法测量深水地形,而超声波地形仪由于具有测量盲区无法进行浅水地形测量,并且易受粒子反射干扰和水声混响的影响,测量精度有待进一步提高。模型试验的三维地形复杂,既有深槽又有浅滩,对地形测量精度和效率要求较高。

2.4.2 基本原理

对于浅水地形,将激光测距探头与超声波测距探头平行并垂直固定在水面上方,激光测距探头发射激光可穿透空气、水两种介质到达水下地形,超声波测距探头测量从探头至模型水面的距离,结合激光在空气和水中的速度之比,计算出激光探头至水下地形的距离。然后结合超声波技术、激光传感技术、电子技术、数字信号处理技术及计算机自动控制技术，实现动床模型水上及水下地形的自动瞬时非接触测量。

2.4.3　仪器构成

测量系统主要由三部分组成：平面定位机构、测量传感器和控制与数据采集系统，如图 2-32 所示。

图 2-32　测量系统

平面定位机构采用集成步进电机、高强度直线导轨，形变量小、耐腐蚀、强度大、重量轻、定位精度高。为保证结构平稳，直线导轨两端采用三脚支撑并安装了气泡水平仪。

测量传感器包括激光测距传感器、液位超声波传感器和水下超声波测距传感器。其中激光测距传感器在空气中的测量范围为 300～1 000 mm，对应的输出电流 4～20 mA，响应时间 1～192 ms；液位超声波传感器为直反式超声波传感器，测量范围为 50～1 000 mm，响应时间为 45 ms，模拟量输出电流为 4～20 mA；水下超声波测距传感器的测量范围为 30～1 000 mm，工作频率：200～2 000 kHz，模拟量输出电流为 4～20 mA。

控制系统采用西门子 PLC 可编程控制器，可实现现场触摸控制及远程控制，设置扫描速度等参数，并可实时显示测量结果，同时可将数据实时传送至上位机，经数据处理后可进行三维地形显示，如图 2-33 所示。控制箱采用便携式设计，可固定在支架上，也可以自由移动。

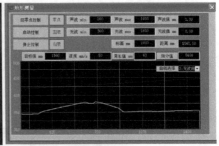

图 2-33　控制与数据采集系统

2.4.4　关键技术

（1）超声与激光多介质测距分析处理技术

项目团队设计了一种河工模型试验中浅水地形的非接触式方法,其硬件包括地形测量探头、测量小车、测桥、导轨、定位装置和数据处理及系统,如图2-34所示。地形测量探头有2种:激光测距探头与超声波测距探头,均平行并垂直固定在水面上方,由于模型试验中水深较浅,激光测距探头发射激光可穿透空气、水两种介质到达水下地形;超声波测距探头测量从探头至模型水面的距离,结合激光在空气和水中的速度之比,计算出激光探头至水下地形的距离。测量控制及数据处理系统控制测量小车在测桥上移动,测桥在导轨上自由移动,并通过测距仪进行定位,采集三维测量数据进行分析处理,实现通过非接触式的方法扫描测量模型试验中的浅水地形。

该装置采集三维测量数据进行分析处理,通过非接触式的方法扫描测量模型试验中浅水地形,主要包括以下步骤:

① 同步采集激光测距探头的测量数据 H_l 和超声波测距探头 H_u,H_u 为探头离模型水面的距离;

② 计算激光探头至水下地形的实际距离:$H=H_u+(H_l-H_u)/n$,n 为激光在水中的折射率;

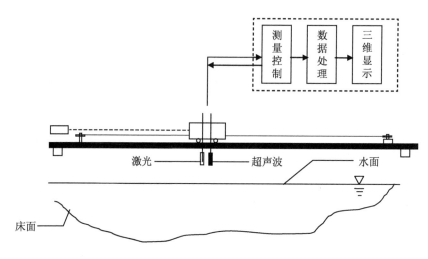

图 2-34　超声与激光多介质测距分析

③ 结合水平方向的定位数据,输出每个扫描点的三维坐标(x,y,z)。

此外,通过实验研究,结合超声波技术、激光传感技术、电子技术、数字信号处理技术及计算机自动控制技术,研究了动床模型水上及水下地形的自动瞬时非接触测量方法,如图 2-35 所示。

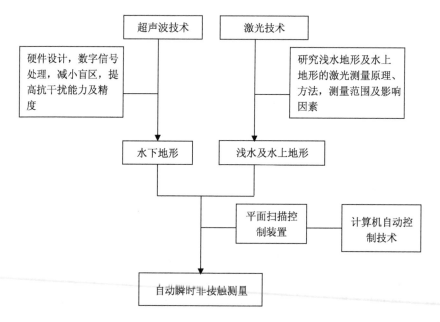

图 2-35　水上及水下地形一体化测量

（2）激光性能测试

为确定激光测量精度，进行了定点的静态测量和动态扫描测量，用数控机床加工了地形标定模型，如图 2-36 所示。

图 2-36　地形标定模型

定点静态测量时，连续采集 100 个样本，统计分析得样本平均值为 413.84 mm，样本标准差为 0.10 mm，算术标准差为 0.01 mm，极限误差为 0.3 mm，按精密测量要求，取置信水平 0.997，估算出样本标准差的置信区间为（0.07，0.13），表明单次测量误差较小，稳定性好。

激光在空气中的传播速度约为 3×10^8 m/s，传感器距地面 50 cm 时，光波从发射、反射到接收的时间只需要约 0.003 μs，若扫描速度为 5 mm/s，0.003 μs 移动的距离远小于 0.01 mm，因此对测量精度和定位精度几乎没有影响。将测量结果与模型标准尺寸对比分析，测量值与标准值之间的差值都在 ±1 mm 以内，吻合较好，如图 2-37 所示。

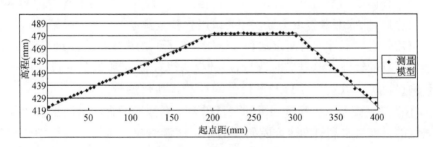

图 2-37　动态扫描测量

（3）超声波性能测试

为了研究超声波在不同水深下的测量性能，将超声波探头由垂向定位机构（定位精度 0.1 mm）定位在不同水深处，测量数据统一换算成同一高程，连续采集数据样本并进行记录。

通过统计分析测量样本,随着水深不断增加,测量样本标准差逐渐增大,表明超声波探头测距稳定性随着水深增加有所降低,如图 2-38 所示。测量高程(标高－超声波测距)样本平均值随着水深增加逐渐降低,表明超声波测距随水深增加逐渐降低,但差值均在 ±1 mm 以内。

为了研究超声波在不同含沙量条件下的测量性能,将超声波探头固定在同一位置,分别在 500 ml 烧杯内加入塑料沙,为了保证含沙量均匀分布,用磁力搅拌器进行搅拌,连续采集数据样本进行记录。

图 2-38　不同水深超声波测试

将超声波探头固定,分别采集不同含沙量下的测量值,统计分析测量样本平均值后发现,其稳定性随含沙量增加逐渐降低。当含沙量低于 5 kg/m³ 时,测量结果变化均在 ±1 mm 以内,含沙量超过 5 kg/m³ 时,测量稳定性明显降低,测量样本标准差随含沙量增加逐渐增加。

2.5　含沙量测量仪

2.5.1　概述

国内总体来说对于含沙量测量仪的技术研究相对滞后,而且也没有商业化的产品。在国家的支持下,自 20 世纪 70 至 80 年代开始研制了含沙量测量仪的样机,分为低浓度含沙量测量仪和高浓度含沙量测量仪两种。低浓度含沙量测量仪比较有代表性的有南京水利科学研究院研制的卤钨灯含沙量测量仪、河海大学研制的红外含沙量实时测量仪、武汉大学研制的基于 B 超成像的低含沙量测量仪等。以上含沙量测量仪器均存在含沙量测量范围较低(≤12 kg/m³),不能满足模型试验高含沙量的测量需要。高浓度的含沙量测量仪比较有代表性的是南京水利科学研究院研制的 γ 射线测沙仪及黄河水利科学研究院研制的振动式悬移质测沙仪等设备,但它们在含沙量低浓度条件下,测量精度较低,且仪器设备体积庞大,只适用于水文现场测量,不适用于实验室及模型试验等场所。国内众多科研院校研制的含沙量测量仪离成型产品和含沙量测量仪的广泛应用还有一定距离,但是随着各家单位测含沙量研究的深入,可以预见国内的测沙技术必将走向成熟,并在测沙服务中发挥其应有的作用。

研制高精度、量程宽、对流场扰度小的含沙量测量系统是实验室科研趋势所需,对于深入研究复杂的水沙试验具有很高的价值。根据含沙量测量方法、模型试验实际需求及未来含沙量测量发展趋势,我们团队研制了光电式含沙量测量仪。

2.5.2 基本原理

光线在均匀介质中沿直线传播,但是当其进入不均匀介质时,会发生散射,即光线偏离其直线传播方向的现象,如图 2-39 所示。光散射是由吸收、衍射、透射和折射等共同作用产生的。

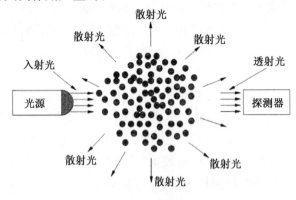

图 2-39 光的散射

利用光学方法测量含沙浓度也称浊度法,其原理比较简单。当一束光进入待测样品时,忽略反射衰减,有两个对传输光的衰减十分重要的因素,即散射和吸收。透射光强度随浊度的变化遵循 Lambert-Beer 定律,即透射光随着浊度增加按指数形式衰减

$$I_{trans} = I(\alpha_{trans}) = gI_{src}\exp\{-KL\alpha_{trans}\} \tag{2-32}$$

式中:α_{trans} 为浊度;I_{trans} 为浊度 α_{trans} 时透射光强度;I_{src} 为入射光强度;K 为比例常数;L 为光源与光电接收器的有效距离;g 为与测量仪器有关的几何参数。

当悬浮颗粒的直径远小于入射光波长时,散射规律可用瑞利公式表示,即

$$I_{Rscat} = \frac{9\pi^2}{\lambda^4 r^2}\left(\frac{n_2^2 - n_1^2}{n_2^2 + 2n_1^2}\right)^2 v^2 N I_{src}\left(\frac{1+\cos^2\theta}{2}\right) \tag{2-33}$$

式中:I_{src} 为入射光强度;I_{Rscat} 为瑞利散射光强度;n_1,n_2 分别为悬浮颗粒和水的折射率;λ 为入射光的波长;v 为单个悬浮颗粒的体积;N 为单位体积水中的悬浮颗粒个数;θ 为散射光和入射光的夹角;r 为悬浮颗粒到散射光强测试点的距离。

当悬浮颗粒直径大于等于入射光波长时，各个方向的散射光强度基本相等，可以用 Mie 理论表示，即

$$I_{Mscat} = K_M ANI_{src} \qquad (2-34)$$

式中：I_{src} 为入射光强度；I_{Mscat} 为 Mie 散射光强度；K_M 为 Mie 散射系数；A 为悬浮颗粒表面积；N 为单位体积水中的悬浮颗粒个数。

对于散射粒子而言，从很小的粒子开始，当其半径相对波长而言逐渐加大时，就有 Rayleigh 散射向 Mie 散射过渡。Mie 散射具有如下特点。

首先，Mie 散射光的强度随角度的分布变得非常复杂。粒子相对于波长尺度越大，分布就越复杂。其次，当粒子的尺度加大时，前向散射与后向散射之比随之增加，前向散射的波瓣增大。再者，当粒子尺度比波长大得多时，散射过程和波长的依赖关系就变得不密切。

光电测沙原理的应用就是使用相对测量的测量方法，采用光电转换器将光信号转换成电信号，再将电信号转换成含沙量。原理上泥沙浓度测量相对简单，但实际应用中问题较多，包括：光源强度的变化、环境光的影响、样本颜色的影响等。综合现有产品和实际应用效果，采用透射与后向散射相结合的方法测试含沙量浓度，能提高含沙量检测的范围，且多探测器组合为数据处理算法提供了更多的选择。

光源和探测器的相对放置位置有三种放置方法，即 90°探测、吸收角度探测和后向散射角度探测。

① 90°探测

如图 2-40 所示，90°探测是常用的一种探测角度，因为它对粒子尺寸有着较大的灵敏度。它对颜色干扰非常敏感，对低浑浊度探测非常有用。

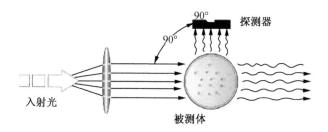

图 2-40　散射光的 90°探测

② 吸收角度探测

如图 2-41 所示，这种角度探测由于散射和吸收入射光的衰减，它对颜色干扰和吸收干扰最敏感。

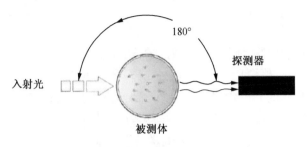

图 2-41 吸收角度探测

③ 后向散射探测

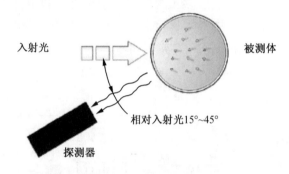

图 2-42 后向散射光的探测

后向散射探测是将探测器放在相对入射光线 15°到 45°范围的位置上。该角度对后向散射光敏感,反映了高浑浊度样品的特征,而对低浊度反而不敏感,如图 2-42 所示。

2.5.3 仪器构成

含沙量测量仪主要包括上位机、传感器单元以及外部电源等。传感器单元主要由微处理器模块、A/D 转换模块、电源模块、光电转换模块和数据传输模块等组成(图 2-43)。

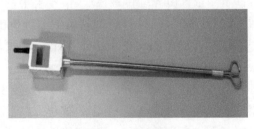

图 2-43 含沙量测量仪

2.5.4 关键技术

（1）模型沙透射和散射相融合的红外光信号处理分析方法

在初期研究试制阶段,采用了红外 LED 等发光二极管作为含沙量测量仪的光源,选用配套的光电检测器作为光电转换模块,并通过测量电路,将测量值传递给 A/D 转换模块,经微处理器处理后,通过 RS 232 接口或 CAN 接口与上位机相连。上位机主要用于控制传感器进行数据采集,上位机可为 PC 机软件或者便携式仪表。根据需要,上位机可以控制 1 个或多个传感器单元。项目初期采用 RS 232 与 CAN 总线两种数据传输方式。单个含沙量测量仪工作时,可采用 RS 232 接口传输数据,多个含沙量测量仪可以利用自身的 CAN 接口组成多点传感器网络。传感器的单元需要从外接电源供电,输入电源范围为 9 ~18 V。含沙量测量仪试制阶段结构图如图 2-44 所示。

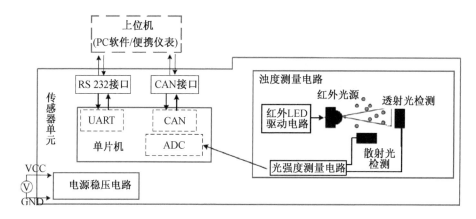

图 2-44　含沙量测量仪试制阶段结构图

随着无线传感网络技术的发展,考虑到兼顾其他河工模型量测仪器电路的模块化与功能化的统一设计,同时初期研究试制的测量仪的含沙量测量范围有限,未达到研制目标,因此本项目进一步设计并确定了含沙量测量仪的研制方案。该方案中的含沙量测量仪由光纤传感模块、信号采集与调制模块、单片机数据采集模块、无线数据传输模块、计算机控制及数据分析模块组成,如图 2-45 所示。含沙量测量仪后期的研制均在此基础上对光源、硬件电路、无线等模块进行修改。

为了更好地进行含沙量测量仪的方案和算法研究,研制了一套光电测沙综合实验平台。利用该平台,可实现光电压、光电流、光电二极管和光电三极管的信号输入,光源电压控制,含沙量数据的计算机实时通讯等,从而为最终小型化、高性能的光电含沙量测量仪研制提供了一个研究平台,其工作原理如图 2-46 所示。含沙量测量仪的无线通信部分采用无线 433 MHz 通信技术,电源供电部分采用可充电锂电池。

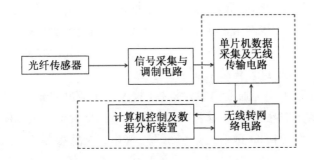

图 2-45　含沙量测量仪结构框图

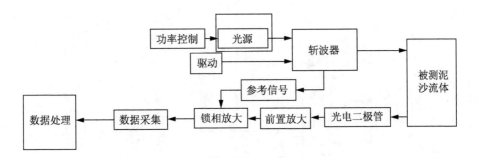

图 2-46　含沙量测量仪工作原理图

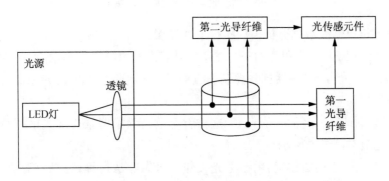

图 2-47　光纤传感器结构示意图

光纤传感器由光源、光导纤维和光传感元件组成,如图 2-47 所示。光导纤维包括第一光导纤维和第二光导纤维,第一光导纤维的延伸方向与光源光线方向一致,第二光导纤维与光源光线方向为侧向(成 90°散射或者 20°后向散射)。

光源包括 LED 灯和设置在 LED 灯前方的透镜,LED 灯发射出的光线经透镜折射为平行光线。信号采集与调制电路用于采集光传感元件输出的模拟信号,并将模拟信号进行数模转换和调制放大。信号处理装置由单片机数据采集电路和计算机控制及数据分析装置组成。数据采集电路,用于采集信号与调制电路的数据,并通过无线网络传输至计算机控制及数据分析装置。计算机控制及数据分析装置,用于通过无线网络控制数据采集电路进行数据采集,并对采集的数据进行计算,根据计算结果显示含沙量。

光源的光强大小与通断由单片机控制,入射光经过分光镜分成两路,一路入射到被测水体中,一路作为参考光入射到光电二极管上。被测体对光进行透射和散射。透射光和 90°散射光分别经两个光电二极管检测。三路光电二极管检测信号经前置处理电路处理后进入单片机,由单片机对三路信号进行采集,如图 2-48 所示。

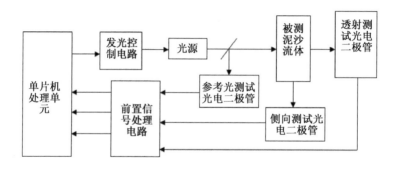

图 2-48　信号采集与调制电路的结构

计算机控制及数据分析模块执行下列步骤:

① 控制 LED 光源处于打开状态,分别采集光源参考光强数据、透射光光强数据、侧向光方向光强数据;控制 LED 光源处于关闭状态,分别采集上述三路光强数据。

② 分别计算二者的差值光强,这样就有效消除了背景光和光电探测器本身的暗电流对测试的影响。

③ 对三路差值数据,利用参考光强作分母做除法运算,计算相对值,这样就消除了参考光光强波动对测试的影响。

④ 将侧向光强做参考,选取一定的加权因子,将透射光强和侧向光强的加权和与之做除法运算,结果作为最终测量值。该步骤是提高测量线性范围的技术措施。

⑤ 将含沙量传感器测量的数据进行实时显示并存入数据库中。

（2）光源选择

光源是测沙仪的重要元件。光源的质量直接影响测沙仪系统的质量。常用作为测沙仪的光源有可见光（白光、红光、蓝光和绿光）和红外光。早期测沙仪使用白光较多，现已基本淘汰；绿光在淡水中水质清澈的条件下穿透力强，水质污浊，尤其是水中悬浮物较多、颗粒较大时，绿光衰减更迅速，因此比较适合用于测沙系统。目前常用的光敏元件是光电二极管、三极管。本项目首先采用光电二极管（LED），首先选择不同波长的 LED，在相同的含沙量范围内做比对试验，试验中发现，由于国内 LED 技术不够成熟，没有统一的行业标准，市场上销售的 LED 也没有准确的产品说明，光源质量难以保证。同时由于技术匮乏和国外对我国的技术封锁，国内没有生产和销售绿光的 LED，因此增加了测沙仪研制的难度。而如果选用红外 LED（波长 940 nm），虽然在水中的衰减度与含沙量成正比，但是测沙范围难以满足项目要求，产品化的 LED 入水体积也相对较大，容易扰流，因此我们考虑自行设计光纤传感系统。

光纤传感系统中常见的光源分别为相干光源和非相干光源两大类。相干光源为各种激光器，非相干光源包括白炽光源和发光二极管（LED）等。

半导体激光器（LD）的特点是单色性好、对反射敏感、发射光功率大。发光二极管的特点是工作波长可选择性强、价格低廉、体积小、功耗低、易于实现内调制等特点，因而广泛用于光纤传感器系统。

光源是光纤传感器系统的关键器件，其性能直接影响光纤传感器性能，因此光纤传感器系统对光源的要求主要有以下几点：

① 合适的发光波长

所选光源的发光波长必须在光纤的低损耗区，主要包括 0.85 μm、1.31 μm、1.5 μm 波长窗口。也就是说，光源的发光波长应与光纤的工作窗口相一致。在目前的光通信系统中作为第一窗口的 0.85 μm 短波长窗口已基本不用了，1.31 μm 的第二窗口正在大量应用，并且正在逐渐向 1.55 μm 的第三窗口转移。

② 足够的输出功率

光源的输出功率必须足够大。光源输出功率的大小直接影响光通信系统中的中继距离。光源的输出功率越大，系统的中继距离就越长。但这个结论是有条件的，即如果光源的输出功率太大，使光纤工作于非线性状态，则是光纤通信系统不允许的。当然，目前问题不是光纤的功率太大，而是不够。因此，还应努力提高光源输入光纤的光功率，以增大中继距离。一般光源的输出功率大于 1 mW。

③ 可靠性高,寿命长

光源的工作寿命长,光纤系统才可靠。目前光纤通信工程要求光源平均工作寿命为 10^6 h(约 100 年),一般不允许中断通信。从故障的概率来说,该系统发生中断通信故障的时间间隔为 10 万 h(10 年左右),这是实用通信工程对元器件的要求。

④ 输出效率高

输出光功率与所消耗的直流电功率的比值叫作输出效率。要求输出效率尽量高,即耗电量尽量小,而且要能在低电压下工作。这样,对无人中继站的供电就较方便了。目前输出效率的标准是大于 10%,将来希望达到 50%。

⑤ 光谱宽度

光谱宽度是指光源的发光波长范围,光源的光谱宽度直接影响到系统的传输带宽,它与光纤的色散效应相结合,就产生了噪声,影响系统的传输容量和中继距离。

⑥ 聚光性好,与光纤耦合效率高

要求光源发光尽量集中、汇聚到一点,尽可能多地把光送进光纤,即耦合效率高,这样进入光纤的功率大。

⑦ 检测方面

易于调制,响应速度快且便于维护,使用方便,如何高效地用电信号来调制光波是决定系统成败的关键。

⑧ 性价比高

应尽可能选择性能质量好,价格低廉,能批量生产,同时体积小、重量轻,便于在各种场合应用的光源。

⑨ 冷光源较好,对反射光不敏感

传感器是精度很高的器件,不适合用长时间工作会散发很多热量的光源,如白炽光源就不适合用于传感系统中。

综合分析,普通的传感系统一般不选择半导体激光器作为光源,而选择 LED,LED 具有工作电压低、受温度的影响比半导体激光器小、对反射不敏感、耗电量小、发光效率高、发光响应时间极短、结构牢固、抗冲击、耐振动、性能稳定可靠、重量轻、体积小、成本低等一系列优点,十分符合光纤系统对光源的要求。

(3) 光纤传感器设计

以电为基础的传统传感器是一种把被测量的状态转变为可测的电信号的装置。它的电源、敏感元件、信号接收和处理系统以及信息传输系统均用金属导线连接。光纤传感器则是一种把被测量的状态转变为可测的光信号的装置。

由光发送器、敏感元件(光纤或非光纤的)、光接收器、信号处理系统以及光纤构成。

由光发送器发出的光源经光纤引导至敏感元件。这时,光的某一性质受到被测量的调制,已调光经接收光纤耦合到光接收器,使光信号变为电信号,最后经信号处理得到所期待的被测量。光纤传感器与以电为基础的传统传感器相比,在测量原理上有本质的差别。传统传感器是以机—电测量为基础,而光纤传感器则以光学测量为基础。

光是一种电磁波,其波长从极远红外的 1 mm 到极远紫外线的 10 nm 不等。它的物理作用和生物化学作用主要因其中的电场而引起。因此,讨论光的敏感测量必须考虑光的电矢量 E 的振动,即

$$E = A\sin(\omega t + \varphi) \tag{2-35}$$

式中:A 为电场 E 的振幅矢量;ω 为光波的振动频率;φ 为光相位;t 为光的传播时间。

可见,只要使光的强度、偏振态(矢量 A 的方向)、频率和相位等参量之一随被测量状态的变化而变化,或受被测量调制,那么,通过对光的强度调制、偏振调制、频率调制或相位调制等进行解调,获得所需要的被测量的信息。

本项目团队后续一直不断改进含沙量测量仪的外观尺寸,使其入水部分体积不断减小,传感器的重量不断减轻。含沙量测量仪的光源和光电检测器件分别在测杆上端,光源的发射和光的接收分别通过光导纤维引到水下的被测点,呈 90°散射和 180°对射式,并设计了圆形式含沙量测量仪(如图 2-49 所示)和方形含沙量测量仪(如图 2-50 所示),圆形含沙量测量仪不含有 LCD 显示屏,而方形含沙量测量仪具有 LCD 显示屏。

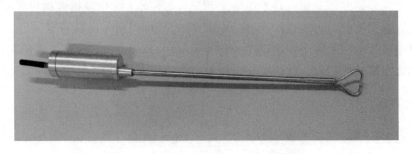

图 2-49　圆形外观(透射式)含沙量测量仪

最终设计的含沙量测量仪采用光纤浸入的设计方式,这种设计的优点有:
① 不需要将发射光源和光电检测器件放入水中,避免了这些器件因密封

不良引起受潮变质而带来的测量不稳定。

② 采用光纤传输光源,头部尺寸可以减小到结构强度允许的程度,光纤束可以穿在外径为几 mm 以内的不锈钢细管中,有利于减小探头对水流的干扰,提高测沙仪的空间分辨率。

③ 器件更换方便。由于发射光源及光电检测器置于仪器上端,为以后采用新光源及新光电检测器件进行试验提供了方便。

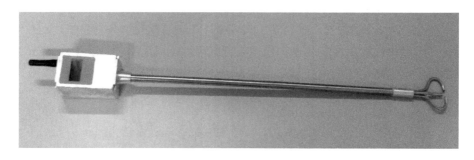

图 2-50 方形外观(透-散射结合)含沙量测量仪

2.6 非接触式六分量仪

2.6.1 概述

六自由度测量仪(亦称六分量仪)主要应用于海洋与近岸工程物理模型试验中,可以模拟天然风、浪、流动力作用下对系泊浮式结构(船舶、沉箱、防波堤砼体等)在港工水池中的运动量数据进行量测与分析以满足理论研究和工程设计的要求。这些试验研究是系泊等工程安全、不同工况作业条件的重要指标。采用六自由度仪对各类浮体运动量进行精细测量,但国内现有的不同类型六自由度量测仪器在实际使用中存在一定的局限性,需要进一步研制开发出相对稳定和操作简便的新型六自由度测量仪和实时测量系统。

2.6.2 基本原理

基于低频磁转换量测原理,以空间虚拟运动跟踪定位系统,通过非接触发射—捕捉—接收—再发射的快速传输,将处理后的 DSP 数字信号输入仪器。

2.6.3 仪器构成

仪器的最大配置如图 2-51 所示,含 1 个发射源和 4 个接收传感器,可同时测量1~4个刚体运动的六自由度。图2-52和图2-53分别为非接触式六分量仪的硬件及软件系统。

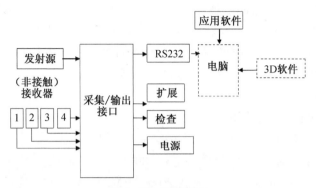

图 2-51 仪器框图

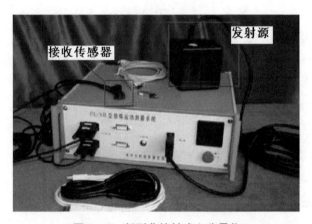

图 2-52 新型非接触式六分量仪

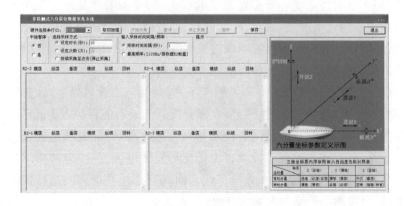

图 2-53 软件界面

2.6.4 关键技术

基于低频磁转换量测原理,利用电磁场的发射和接收来跟踪定位,磁场信号由发射器产生,接收器感应。接收器的感应电流强度与其距发射器的距离和角度值有关,通过电磁学原理,根据感应电流计算出接收器相对于发射器的角度和距离。该技术优点是不受视线阻挡的限制,缺点是易受金属干扰,在测量时要尽量避免。

六分量仪相关性能指标:

① 位移量额定量程范围:0.2~1.2 m。

② 转角量覆盖范围:空间全方位 0~360°。

③ 精度:位移量 X、Y、Z 均≤0.2 mm(RMS)。转角量 $x°$、$y°$、$z°$ 均≤0.3°(RMS)。

④ 分辨率:位移量 X、Y、Z 均为≤0.02 mm。转角量 $x°$、$y°$、$z°$:≤0.04°。

⑤ 信号传输延时(更新率):4 ms。

⑥ 采样频率范围:常用 0.01(min)~120 Hz(max)(可设定)

⑦ 接口主机与计算机通讯:常用 USB 串行口,或 RS 232(测试用)/USB-RS 232。

2.7 无线波高仪

2.7.1 概述

波高仪是造波机控制系统中非常重要的器件,它可以使造波系统实现吸收式造波,即无反射式造波。要实现无反射式造波,就需要在造波过程中不断地测量多点波高变化情况,然后将这些波高数据转换为计算机可处理的格式传送至总控计算机,计算机根据肖波原理将波高数据进行处理并且反馈到造波机的控制端以修正推波板的运动,从而消除二次反射波。

目前主流波高仪响应速度和灵敏度不高,检测电路比较落后,预热时间较长,容易出现漂移现象,通用性较差,大部分没有无线通信和接入 Internet 的网络功能。近年来,无线通信及网络技术得到快速发展,为随时随地的信息交流提供了条件,使得作为远程监控系统中传感器发生巨大变化,以往繁琐复杂的连线逐渐被高效的无线通信方式所替代。而具有无线通信和网络功能的量测传感器,只要在网络覆盖的区域内,就能完成通信功能,不易受到目标环境的影响。为了紧跟国际前沿技术的潮流,顺应现代智能仪器的发展趋势,提高波高仪的响应速度和测试的灵敏度,同时增加系统的无线通信和网络功能,增强产品的可靠性和竞争性,本项目团队研制了无线波高仪样机。本项目涉及传感器技术、嵌入式系统、模拟技术、无线通信技术等方面的研究,不仅为后续的产品化样机研制奠定了坚实的基础,而且为今后各类智能化仪器的研发提供了一定的参考和借鉴作用,共享共性技术,缩短研发周期。

2.7.2 基本原理

波高仪不但要满足一般传感器的应用需求,而且还要考虑到其独特的使用环境以及应用要求。波高传感器用于水位变化迅速的水中,对动态响应速度和灵敏度要求比较高,而且要求体积小,防水性能好。

通过对各种测量原理的传感器进行分析和对比,最终决定采用电容式敏感元件(如图 2-54所示)结合电容检测电路共同构成电容式波高仪。电容式波高仪的传感器有多种形式,可采用不同的材料,常用的是一种氧化膜钽丝和聚乙烯绝缘线。钽丝电容波高仪是将钽丝一氧化膜一水组成一个电容。当波高在钽丝上下移动时,电容量线性地变化。本系统正极采用钽丝和绝缘层,负极采用裸露的电极,其精度取决于绝缘膜的均匀性、耐久性和正负极之间的平行度。当电容传感器两极之间的波浪高度变化时,电容量随之线性地变化。

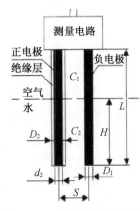

图 2-54 电容式波高传感器
敏感元件示意图

电容正极和水之间是绝缘的,电容负极是裸露的,没有绝缘层。当没有水时,此时 $H=0$,两电极之间等同于两个串联的电阻,设 C_a 为正极与空气之间构成的电容,其介质为绝缘层,其结构形式为圆筒形。

$$C_a = \frac{2\pi\varepsilon_0\varepsilon_2 L}{\ln(D_2/d_2)} \qquad (2-36)$$

式中:D_2 为电容正电极绝缘层的外直径;d_2 为电容正电丝的直径;ε_0 为真空介电常数,又称绝对介电常数;ε_2 为绝缘层的相对介电常数;L 为电极长度。

C_b 为正电极的绝缘层与负电极之间构成的电容,其介质为空气,其结构形式为电极形。

$$C_b = \frac{2\pi\varepsilon_0\varepsilon_1 L}{\ln\dfrac{2S}{R_1+R_2}} \qquad (2-37)$$

式中:S 为电容两极的中心距;R_1 为电容负电极半径;R_2 为电容正电极绝缘层外半径;ε_1 为空气的相对介电常数。

根据两电容串联公式

$$C_0 = \frac{C_a C_b}{C_a + C_b} \tag{2-38}$$

将式(2-36)和式(2-37)代入式(2-38),整理得

$$C_0 = \frac{2\pi\varepsilon_0\varepsilon_1\varepsilon_2 L}{2\varepsilon_2 \ln \dfrac{2S}{R_1 + R_2} + \varepsilon_1 \ln \dfrac{D_2}{d_2}} \tag{2-39}$$

可见 C_0 为常数。

当波浪为 H 时,上部分的电容 C_1 与波浪高度为零时的 C_0 同理,得

$$C_1 = \frac{2\pi\varepsilon_0\varepsilon_1\varepsilon_2 (L - H)}{2\varepsilon_2 \ln \dfrac{2S}{R_1 + R_2} + \varepsilon_1 \ln \dfrac{D_2}{d_2}} \tag{2-40}$$

一般情况下,因为水是导体,且电容敏感元件的负电极和水之间没有绝缘措施,所以此时水便成了负极,电容正电极和水共同构成了圆筒形电容 C_2,且两极之间的介质为正电极的绝缘膜,因此

$$C_2 = \frac{2\pi\varepsilon_0\varepsilon_2 H}{\ln(D_2/d_2)} \tag{2-41}$$

因为总电容值 C 是由 C_1 和 C_2 并联组成的,且并联电容的计算公式为

$$C = C_1 + C_2 \tag{2-42}$$

整理得

$$C = C_0 + KH \tag{2-43}$$

K 为常数,且

$$K = \frac{2\pi\varepsilon_0\varepsilon_2}{\ln \dfrac{D_2}{d_2}} - \frac{2\pi\varepsilon_0\varepsilon_1\varepsilon_2}{2\varepsilon_2 \ln \dfrac{2S}{R_1 + R_2} + \varepsilon_1 \ln \dfrac{D_2}{d_2}} \tag{2-44}$$

因为系数 K、C_0 都是定值,所以传感器的电容值仅与波浪高度有关,且与波高呈线性关系。

研制的关键点和问题:

① 现有的电容式波高仪线路陈旧,采用晶体振荡器、分频器、前置线路、放

大器等模块,电路比较复杂,集成化程度低,电路受电磁干扰严重。

② 受绝缘层材料的影响,电容式波高仪的测量值受温度影响较大,温度变化为 1 ℃时,波高的误差为测量值的 1‰,在温差变化较大的情况下,将影响试验的精度和准确度。现有的波高仪电路中无补偿措施,波高仪在使用之前需要长时间的预热(通常需要 20 min 以上),因此,所研制的波高仪需要添加温度补偿模块。

③ 现有的波高仪采集频率比较低,最大只有 30 Hz,难以满足波浪精细化的测量要求,因此本研究拟研制采集频率为 50 Hz 的波高仪。

④ 现有波高仪采用 RS 485 集总数据的采集方式,每台波高仪都需要 1 个 RS 485 总线和电源线,但是在进行波高模型试验时,布点比较密集,大量的线缆给现场布线带来困扰,因此需要合理地减少波高仪的数据线。本研究拟采用无线传输技术改进现有的波高仪,以减小现场布线的复杂程度。

⑤ 目前波高采集频率为 30 Hz,数据采集量大,现有的 RS 485 传输方式随着距离的增加,传输速率会变低,若多台波高仪同时测试时,仪器的传输速率难以保证。

解决方案:

① 采用集成电路,专用芯片等,合理设计波高电路,增加温度补偿模块,提高仪器设备抗电磁干扰能力,降低温度对仪器性能的影响。

② 应用不受温度、盐度影响的电容新材料,从源头降低温度、盐度对波高仪的干扰。

③ 采用高性能的微处理器及采集芯片,将波高仪的采集频率提高至 50 Hz。

④ 采用无线传输技术,改进现有波高仪的数据传输方式,便于波高仪的布点,方便试验,降低现场布线的复杂程度。

2.7.3　仪器构成

无线波高仪样机(如图 2-55 所示)使用 C8051F021 处理器为核心,采用先进的检测技术和网络信息技术,是集现代检测技术、控制器技术、无线通信技术、Internet 网络技术、信息处理技术为一体的廉价、高效、应用范围广泛、具有无线通信等功能的一套仪器。该仪器具有模拟量采集、数据存储、串口通信、无线通信等功能,其结构如图 2-56 所示。

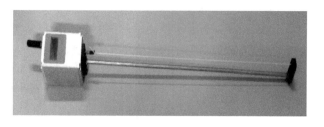

图 2-55　无线波高仪

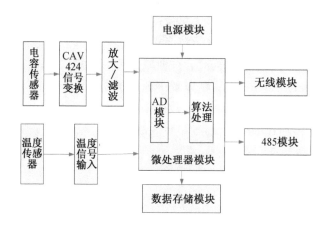

图 2-56　无线波高仪结构框图

2.7.4　关键技术

（1）数据采集技术

近年来，随着科学技术及工业化生产水平的不断提高，对相应的仪器仪表也提出越来越高的要求。因此，仪器仪表需扩展大量的外围功能部件来满足对其的复杂性、高性能及智能化的要求。为了使整个控制系统的硬件电路尽可能简洁，减少芯片数量和占用空间，节省功耗，提高系统的可靠性，微控制器选用美国 CUGNAL 公司的 C8051F021。该芯片体积小，内部集成了多种功能部件，包括 PCA 模块、电压比较器、A/D 转换器、D/A 转换器、UART、定时器、内部振荡器、看门狗定时器和 64KB 的 Flash 存储器等，可以很好地满足该控制系统的需要；其专有的 CIP-51 微处理器内核，对指令运行实行流水作业，从而提高了指令运行速度。它集成了各个模块，减少了外围电路，使硬件系统变得非常紧凑，因而大大提高了系统的可靠性。由于 C8051F021 微控制器使用具有片内 JTAG 调试方式，使本系统能够方便地在线调试和更新，大大减少了开发周期。

80C51系列单片机及其衍生产品在我国乃至全世界范围获得了广泛的应用。单片机领域的大部分工作人员都熟悉80C51单片机。随着单片机的发展，市场上出现了很多高速、高性能的新型单片机，基于标准80C51内核的单片机正面临着退出市场的境地。为此，一些半导体公司对传统8051内核进行大的改造，主要提高了速度并增加片内模拟和数字外设，以大幅提高单片机的整体性能。其中美国Cygnal公司推出的C8051F系列单片机把80C51系列单片机从MCU时代推向SoC时代，使得以8051为内核的单片机上了一个新的台阶。

C8051F系列单片机是完全集成的混合信号系统级芯片，具有与8051兼容的CIP-51微控制内核，采用流水线结构，单周期指令运行速度是8051的12倍，全指令运行速度是原来的9.5倍。其中C8051F021以其具有功能较全面，应用较广泛的特点成为C8051F的代表性产品，其性价比在目前应用领域也极具竞争力。C8051F021的内部电路包括CIP-51微控制器内核及RAM、ROM、I/O口、定时/计数器、ADC、DAC、PCA（Printed Circuit Assembly 印制电路组装）、SPI（Serial Peripheral Interface 串行外设接口）和SMBus（System Management Bus）等部件，即把计算机的基本组成单元以及模拟和数字外设集成在一个芯片上，构成一个完整的片上系统（SoC）。

C8051F021器件是完全集成的混合信号系统级MCU芯片，具有64个数字I/O引脚，其主要特点如下：

① 高速、流水线结构的8051兼容的CIP-51内核（可达25MIPS）；
② 全速、非侵入式的在系统调试接口（片内）；
③ 真正12位、100kbps的8通道ADC，带PGA和模拟多路开关；
④ 两个12位DAC，具有可编程数据更新方式；
⑤ 64K字节可在系统编程的FLASH存储器；
⑥ 硬件实现的SPI、SMBus/I²C和2个UART串行接口；
⑦ 片内看门狗定时器、VDD监视器和温度传感器。

具有片内VDD监视器、看门狗定时器和时钟振荡器的C8051F021是真正能独立工作的片上系统。所有模拟和数字外设均可由用户固件使能/禁止和配置。FLASH存储器还具有在系统内重新编程的能力，可用于非易失性数据存储。每个MCU都可以在工业温度范围（−45℃到+85℃）内用2.7~3.6V的电压工作。端口I/O、/RST和JTAG引脚都允许5V的输入信号电压。

C8051F021系列器件使用Silicon Labs的专利CIP51微控制器内核，包括5个16位的计数器、定时器、2个全双工UART、256字节的内部RAM、128字节特殊功能的寄存器(SFR)地址空间及 8(或 4)个字节宽的 I/O 端口。

使用 C8051F021 单片机可使系统扩展的外围电路及接口电路数量大大减少,提高系统的可靠性及稳定性,同时为系统的功能扩展及软件硬件升级提供了方便。系统中利用了 C8051F020 的以下资源以简化电路设计。

C8051F021 单片机内具有 12Bit 分辨率的 ADC 和 10Bit 分辨率的 ADC,这里使用 12Bit 分辨率的 ADC。12Bit 分辨率 ADC 的采样速率高达 100 KBps,利用 C8051F021 片内的 ADC,可以减少外围扩展的 ADC。

本系统无须进行任何的外部 I/O 扩展即能满足本系统对 I/O 的需求,同时可使系统的人机通道和输入/输出开关量与 CPU 的联系更加通畅,而片内的 12BitDAC 更加完善了本系统的后向通道。

为本系统使用 C51 等高级语言编程创造了良好的环境,高级语言编程环境可使本系统软件实现真正的模块化,也可使各种编程算法变得简单容易,同时也更加完善,因而大大改善了本系统的软件升级能力。

C8051F021 同时提供了 UART、I2C、SPI 等多种串行总线,故允许同时以多种方式来进行外部设备的扩展。本波高仪设计中,扩展模块有 RS 485 模块、EEPROM 存储模块和无线通信模块等。

利用 C8051F021 片内提供的功能强大、种类繁多的模拟与数字功能部件,可在尽量少进行外围电路扩展的情况下构成 1 个高速、高精度、易于扩展升级的波高仪测量系统。

传统的电容测量方法采用模拟电路测量手段,主要有电桥电路、脉冲宽度调制电路、调频电路等。模拟测量方法电路环节多,容易受零漂、温漂的影响,尤其对小电容的测量,更难保证测量精度。数字化测量是将传感器的电容量变为频率信号,常用的有 LC 振荡和 RC 振荡,但是实验测试发现,通过数字电桥测试电容传感器电容值存在大的跳动,不可能像测固定电容那么稳定,增加了测试电路的困难。

CAV424 是一个将各种电容式传感器电容信号转换成电压信号的集成电路芯片,具有信号的采集(相对电容量变化)处理和差分电压输出的功能,它可以检测到参考电容值(10pF 到 2nF)5% 到 100% 的变化范围内的电容值,并将变化电容转换为相应的差分电压输出,具有高检测灵敏度。输出的电压信号可以直接与后续的 A/D 转换模块或者其他信号处理芯片相连,实现从模拟信号向数字信号的转换。同时它还集成了内置温度传感器,可以比较容易地实现电路的温度补偿。利用 CAV424 作为电容传感器的调理电路,可以克服寄生电容和环境变化的影响,同时减少了传感器处理电路的复杂程度。在工艺过程控制、压力测量、距离测量、湿度测量等领域,CAV424 系列芯片得到了广泛的应用。

CAV424 的测量原理是通过 1 个外接电容 C_{osc} 与内部构成 1 个频率可调的参考振荡器驱动 2 个构造对称的积分器并使它们在时间和相位上同步。如图 2-57 所示，2 个被控制的积分器的振幅是由电容 C_{x1} 和 C_{x2} 来决定的，C_{x1} 作为参考电容，而 C_{x2} 作为被测电容。C_{x1} 和 C_{x2} 包含了输入端与地端的所有电容，并在特性上一致，这样环境变化时芯片的 2 个输入端同时变化，其差值基本保持不变。当被测电容传感器电容变化时，由于积分器具有很高的共模抑制比和分辨率，所以比较 2 个振幅的差值得到的信号反映出 C_{x1} 和 C_{x2} 的相对变化量，该差值信号通过后级的低通滤波器整流滤波后到达可调增益的差分输出级。

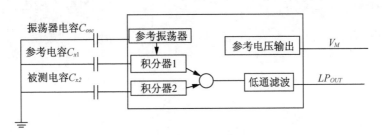

图 2-57　CAV424 原理框图

参考振荡器对外接的振荡器电容 C_{osc} 和与它相关的内部寄生电容以及外接的寄生电容进行充电，然后放电。振荡器的电容近似地取为 $C_{osc} = 1.6C_{x1}$。参考振荡器电流 I_{osc} 由外接电阻 R_{osc} 和参考电压 V_M 来确定：$I_{osc} = V_M/R_{osc}$，参考振荡器的电压输出如图 2-58 所示。

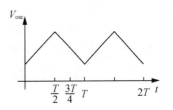

图 2-58　振荡器电压输出

两个对称构造的内置电容式积分器的作用原理与上述的参考振荡器相似。区别在于放电时间是充电时间的一半，其次，它的放电电压被钳制在一个内置的固定电压 V_{CLMP} 上。

理想信号经过低通滤波器得：

$$V_{LPOUT} = V_{DIFF,0} + V_M \tag{2-45}$$

式中：差分信号 $V_{DIFF,0} = 3/8(V_{CX1} - V_{CX2})$，它可再经过输出放大器放大；$V_M$ 为参考电压源。

CAV424 直接输出的是模拟电压信号，为了便于与单片机连接，需进行放大滤波后将信号输入到 C8051F021 中，当外接调整参数确定后，被测电容与输出电压之间具有单值对应关系，这种对应关系可以通过理论计算获得。

波高仪的钽丝电容易受到温度影响，本项目增加了 DS18B20 温度传感器，它可以根据需要监测传感器所在环境的问题,便于提供适当的补偿。

DS18B20 内部结构主要由 4 部分组成:64 位 ROM、温度传感器、非挥发的温度报警器触发其 TH 和 TL、配置寄存器。DQ 为数字信号输入/输出端;GND 为电源地;VDD 为外接供电电源输入端(图 2-29)。

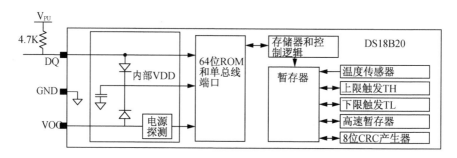

图 2-59　DS18B20 内部结构图

DS18B20 的主要特性:

① 适应电压范围更宽,范围在 3.3～5.5 V,在寄生电源方式下可由数据线供电;

② 温度范围 −55 ℃～+125 ℃,在 −10 ℃～+85 ℃时精度为 ±0.5 ℃;

③ 独特的单线接口方式,DS18B20 在微处理器连接时仅需要一条口线即可实现微处理器与 DS18B20 的双向通讯;

④ DS18B20 在使用时不需要任何外围元件,全部传感元件及转换电路集成在 1 只三极管内;

⑤ 测量结果直接输出数字温度信号,以"一线总线"串行传送给 CPU,同时可传送 CRC 校验码,具有极强的抗干扰纠错能力;

⑥ 负压特性:电源极性接反时,芯片不会因发热而烧毁,但不能正常工作。

无线通信模块不仅能提高波高仪的数据传输性能,还考虑到无线模块的可扩展性。不仅为产品化样机研制奠定了坚实的基础,而且可大大缩短研发周期。同时,对其他量测仪器增加无线通信模块的研发具有一定的参考和借鉴作用。

系统的整个数据采集框图如图 2-60 所示,无线转网络模块是其中数据传输的一个重要一环。

无线网络模块盒的研发过程中,主要工作是实现无线模块之间的数据传输、无线与网络模块之间的数据传输以及网络模块与电脑之间的调试,最终将它们一体化集成。该模块盒具有如下功能:自动扫描前端各个传感器模块,将各个前端各种测试模块(水流、水位、波高等)的数据通过无线接收,然后转换成

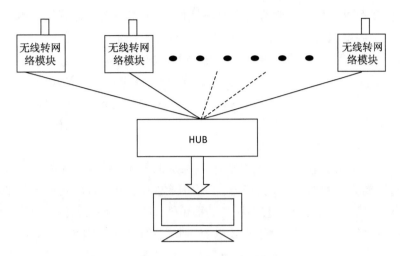

图 2-60　无线数据采集总体框图

网络数据送至后台计算机,如图 2-61 所示。

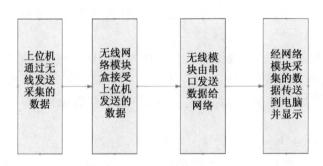

图 2-61　数据传输流程

　　起初使用双节碱性电池作为无线波高仪电源供应来源,但在实际使用中,电池寿命短,且不能重复使用,需要经常更换电池。在河工模型试验中,因监测点较多,波高仪使用的次数也多,不断更换电池不太现实,因此考虑充电电池。在设计该项目的充电器部分时,我们力求外围电路简单,方便紧凑,但要求充电器具有自动充电、温度检测、三段式充电模式等功能,结合这些要求,我们选择了 BQ2057 锂电池充电管理芯片。

　　BQ2057 系列是美国 TI 公司生产的先进锂电池充电管理芯片,BQ2057 系列芯片适合单节(4.1 V 或 4.2 V)或双节(8.2 V 或 8.4 V)锂离子和锂聚合物电池的充电需要,同时根据不同的应用提供了 MSOP、TSSOP 和 SOIC 的可选封装形式,利用该芯片设计的充电器外围电路极其简单,非常适合便携式电子产品的紧凑设计需要。BQ2057 可以动态补偿锂离子电池组的内阻,以减少充电时间;带有可选择的电池温度检测,利用电池组温度传感器连续监测电池温度,当电池温度超出设定范围时 BQ2057 将停止对电池充电。

采用 BQ2057 设计的锂电池充电电路可实现对 1 节锂电池充电,工作电源 DC＋根据充电锂电池组的电压选择,我们选择工作电压 4.5 V,电池组的正端电压 PK＋接 BAT 引脚,TS 引脚检测电池组的热敏电阻 NTC 通过分压电阻后的分压值,以此判断温度是否正常。BQ2057 设计为 PNP 晶体管充电,选择 2N3906 三极管时满足功耗要求。

为了使电池供电时间增长及产生更稳定的电流,本项目组选用 REG 113 线性稳压模块。REG 113 是一个低接地引脚电流系列,低噪声、低压差的线性稳压器,该稳压器无输出电容器所需的稳定性,不像传统的低压差稳压器,需要昂贵的电容值大于 1 μF 的低 ESR 电容。典型的接地引脚电流仅为 850 μA。

W25X 系列的 FLASH 存储器可以为用户提供存储解决方案,具有 PCB 板占用空间少、引脚数量少、功耗低等特点。与普通串行 FLASH 相比,使用更灵活,性能更出色。它非常适合做代码下载应用,例如存储声音、文本和数据。工作电压在 2.7～3.6 V 之间,正常工作状态下电流消耗 0.5 mA,掉电状态下电流消耗 1 μA。

本项目根据实际需要选用 W25X32 作为量测仪器的存储芯片,该芯片具有 16 384 可编程页,每页 256 字节。用"页编程指令"每次可以编程 256 个字节。用"扇区"擦除指令,每次可擦除 16 页,用"块"擦除指令,每次可以擦除 256 页。

(2) 波浪数据压缩技术

在大型河工模型试验中,测量覆盖范围广,测量的点多,在做波高仪测试试验时,每个测量点每秒的采样数据为 50 点,数据率在 800 bit 左右,采用无线传输时,随着波高仪数量的增加,数据量将会变得很大。以 60 通道的波高仪为例,每秒传输的数据量为 48 Kb,考虑编码头和编码尾,实际数据量将超过 70 Kbps。考虑数据到达无线发射端前的各种数据传输及其到达接收端后的各种数据传输,实际信道的传输速率应在 30 Kbps。因此如何利用 30 Kbps 的带宽传输多通道的波高数据,是无线化网络波高测试的关键技术。目前一般有两种解决数据传输的方法。

一是降低每台波高仪的采样速率。国内许多在售的波高仪产品,如 CBY-Ⅱ型波高测量控制系统,是采用先进的电子技术、传感技术和计算机硬、软件技术最新研制成功的计算机多点同步测量系统,可实时同步采集处理 30 点波高,测量精度高,并设计有先进的硬件调零功能和放大倍数调节功能。但是当几台同时工作时,由于总传输速率是不变的,所以每台波高仪的采样速率就得降低。二是采用多通道无线传输技术。当波高仪数量增多时,数据量也随着增大,而这时要想数据的传输速率不变,且要求有实时性,就必须采用多通道(扩频通信)传输来满足传输要求。

扩频通信,即扩展频谱通信技术(Spread Spectrum Communication),它与光纤通信、微型通信一同被誉为进入信息时代的三大高技术通信传输方式。

扩频通信时将待传送的信息数据用伪随机编码序列,也即扩频序列(Spread Sequence)调制,实现频谱扩展后再进行传输。接收端则采用相同的编码进行解调及相关处理,恢复出原始信息数据。因此传输同样信息时所需的射频带宽,远比其他各种调制方式要求的带宽要宽得多。

这种通信方式与常规的窄带通信方式的区别是:首先,它在信息的频谱扩展后形成宽带传输;其次,它在相关处理后再恢复出窄带信息数据。

扩频通信系统的工作原理描述页就是扩频通信的物理模型。具体原理如图 2-62 所示。在系统的发送端,输入的信号首先需要调制为相对码元信号,然后去扩展频谱。经过扩频的信号再经过射频调制,会得到较高频率信号,然后再发射出去。扩频系统的接收端,调制与发送部分相反,接收到的信号频率高,先要经过射频器件的解调,恢复为中频,然后进行扩频解调,用与发送端相同的序列号恢复为窄带信号,最后进行解调。

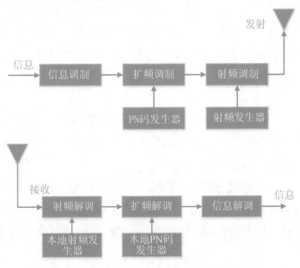

图 2-62　扩频方式通信的工作原理

扩频通信系统一般都要调制和相应的解调都需要经过三个步骤,使得信号收到与发送一致。首先进行信号调制,也就是编码成为数字基带信号,然后再进行频谱的扩大,最后是射频调制,以产生可以高效率传输的频率,以及相对应的相反调制,包括射频技术解调、解扩和编码的解调。扩频通信与传统通信系统相比较,主要是多了扩频和解扩两个设计模块,这样要传输的信号频谱就发生改变,传输也就随之改变。

扩频通信系统是指待传输信息的频谱用某个特定的扩频函数扩展后成为宽频带信号,然后送入信道中传输,再利用相应手段将其压缩,从而获取传输信息的通信系统。长期以来,人们总是想办法使信号所占用频谱尽量的窄,以充分利用频谱资源,让更多的用户能够使用通信服务。为了通信的安全可靠,应选用宽频带的信号来传送信号。在传输同样信息时所需的射频带宽,远比我们熟悉的各种调制方式要求的带宽要宽得多,也就是扩频前的信息码元带宽远小于扩频后的扩频码序列的带宽。信息已不再是决定调制信号带宽的一个重要因素,其调制信号的带宽主要由扩频函数来决定。

第一,扩频技术可以用香农(C. E. Shannon)信道容量公式来描述。香农公式为

$$C = W \log_2(1 + S/N) \tag{2-46}$$

式中:C 为信道容量,bit/s;W 为信号频带宽度,Hz;S 为信号功率,W;N 为白噪声功率,W。在高斯信道中当传输系统的信号噪声功率比 S/N 下降时,可用增大频带宽度 W 的办法来保持信道容量 C 不变。对于任意给定的信号噪声功率比,可以用增大传输带宽的方法,来获得较低的信息差错率。可采用高速率的扩频码,来达到扩展待传输数字信号频带的目的。扩频通信系统的带宽比常规通信体制宽几百倍至几千倍,故在相同的信噪比条件下,具有较强的抗噪声干扰能力。

第二,香农又指出:在高斯噪声的干扰下,在平均功率受限的信道上,实现有效和可靠通信的最佳信号是具有白噪声统计特性的信号。这是因为高斯白噪声信号具有理想的自相关特性。

第三,早在 20 世纪 50 年代,哈尔凯维奇就从理论上证明:要克服多径衰落干扰的影响,信道中传输的最佳信号形式应该是具有白噪声统计特性的信号形式。扩频函数的统计特性逼近白噪声的统计特性,因而扩频通信又具有多径干扰的能力。

扩频通信系统的实现方式也是多种多样,按其工作方式可以划分为以下四种:① 直接序列扩展频谱系统(Direct Sequence Spread Spectrum),该方式直接用具有高码率的扩频码在发送端去扩展信号的频谱。由于扩展了传输带宽,因而得名。本项目中的设计采用的扩频方式就是直接序列扩频系统。② 跳频扩频系统(Frequency Hopping Spread Spectrum),简称为跳频方式。跳频即是用

伪随机序列将信号进行移频键控调制,使载波频率不固定,不断发生跳变,跳变的频率比通信信号的频谱宽度大许多,所以跳频也起到扩频的作用。③ 跳时扩频系统(Time Hopping Spread Spectrum),其工作方式是用扩频码序列来控制传输信号的发射时刻,并确定传输的起始时间。发射信号的"有""无"也是不规则出现的,伪码序列相似,也同样可以规律地产生,属于伪随机的。跳时系统和跳频系统方式结合起来使用就构成一种叫作"时频跳变"的通信扩频系统使用也很多。④ 混合式:将三种方式以上的方式结合起来,便构成了混合式工作方式,它以其他三种方式为基础,可以克服单一的直扩、跳频、跳时方式的缺点,发挥出更优良的特性,提高系统的抗干扰能力,使设备简化、成本减低,但这种方式也可能会使系统的复杂程度有所增加。

扩频通信技术在工作过程中,是通过在发送端上配合信号生成器生成的伪随机序列码来达到扩频调制的目的,在接收端以相关解调技术解调信号,这种通信方式的传输可以产生抗干扰性强、易于实现码分多址、抗多径干扰的传输系统,同时具有加强隐蔽性等优点,应用领域也越来越广泛。目前扩频技术在军事通信上应用很多,如敌我双方可能会相互干扰,使得对方不能正常通信,扩频通信的抗干扰性能就可以很好地解决这一问题。随着扩频技术越来越成熟,其在民用通信的各个领域也逐渐得到发展,并显示出强大的生命力,应用前景十分乐观。扩频技术可用信号带宽高出很多倍以上的带宽信号,这样的信号传输的空间广阔,用这样的信带来传输信息,能提高通信系统的抗干扰能力。

河工模型现场存在大量电磁干扰,湿度及昼夜温差大,容易干扰河工模型数据的传输,而普通的无线传感网络更容易受到干扰,影响数据传输的准确性。本项目结合实际情况,提出采用直接序列扩频技术,即用高码率的扩频码序列在信号发射端直接去扩展信号的频谱,在信号接收端使用相同的扩频码序列对扩展的信号频谱进行解调,还原出原始信息。河工模型数据信号采用直序扩频技术扩展成很宽的频带,它的功率频谱密度比噪声还要低,使它能隐蔽在噪声之中,不容易被检测出来,对于干扰信号,接收信息的码序列将对它进行非相关处理,使干扰电平显著下降而被抑制。

直接序列扩展频谱系统的系统原理图如图 2-63 所示,数据源经过基带的编码器处理后,系统使用由 M 序列发生器产生的伪随机码(PN code)对信息比特进行模 2 相加得到扩频序列,然后用这个扩频序列对载波进行调制,最后发射到空中。PN 码的码速比原始信息码速度高很多,每 1 个 PN 码的长度(即 Chip 宽度)很小。

直扩系统的接收一般采用相关接收,并分成两步,即解扩和解调。在接收端,接收信号经过数控振荡器放大混频后,用与发射端相同且同步的由 M 序列

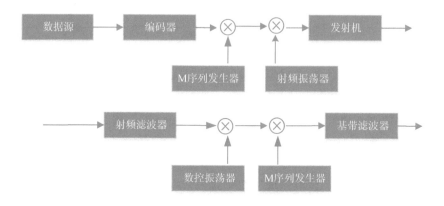

图 2-63　直接序列扩展频谱系统原理图

发生器产生的伪随机码对中频信号进行相关解扩,把扩频信号恢复成窄带信号,然后再由基带滤波器进行解调,最后恢复出原始信息序列。

直接序列调制就是用高速率的伪噪声码序列与信息码序列模 2 加后(波形相乘)的复合码序列去控制载波的相位而获得直接序列扩频信号。一般情况下直接序列均采用 PSK 信号,而较少用 FSK 或 OOK 信号。由通信原理可知,在 PSK、FSK、OOK 三种调制中,PSK 信号是最佳调制信号。所谓最佳是指在其他条件相同的情况下,PSK 误码率最小。

相关解扩是扩频系统能够扩大频率,准确传输的前提。对于扩频通信系统,接收到的信号是宽带信号,要经过数据解扩之后,恢复为窄带信号,才可以进入基带解调的步骤。由前所述,解扩部分所用的伪随机序列码要求与发射端所用伪码码型相同、码元同步,所以要取得 1 个一样的码作为本地伪码信号。相关解扩即是扩频信号与这个本地伪码先相乘再积分运算。

扩频接收机接收到宽频信号后,首先就是要解除扩频调制,生成窄带信号,进而取到理想的处理增益。这样就可以像常规数字通信一样,接收端用相干载波恢复调解出基带数字信号。在扩频通信系统里,主要是利用信号的相干性来提取夹杂在噪声中的信码信号。相干检测,是指信号的某个标记相位与实践坐标上有一一对应关系,其原理如图 2-64 所示。

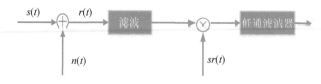

图 2-64　相干检测原理

图中 $sr(t)$ 是与信号 $s(t)$ 有密切相干关系的本地参考信号,$n(t)$ 为噪声。$sr(t)$ 与信号 $s(t)$ 的频率相同,而且相位相干,因此 $sr(t)$ 信号与 $s(t)$ 有密切相干关系。在实际的接收解调设备中,噪声往往是窄带的或者是带限的,这种噪声可以分解为相互独立的一些变量,它们与本地参考信号是不相干的。在相干检测中,$r(t)$ 与有用信号 $s(t)$ 经过滤波之后,本地参考信号 $sr(t)$ 与 $s(t)$ 也相关,在经过乘法器和低通滤波器的调制之后,就可以消除不相干的噪声信号,使接收系统抗干扰性加强,通信质量提高。最后利用锁相环技术,比如平方环、科斯塔斯环、延迟锁相环以及匹配滤波器等特殊的锁相环,完成解扩功能的载波同步及码元同步。

在本扩频通信系统的设计实现中,信号的传输采用 PSK 方式,BPSK 调制器可以采用相乘器,也可以用相位选择器。在本设计中,采用相位选择器方式。BPSK 解调必须要采用相干解调,如何得到同频同向的载波是个关键问题。常用的载波恢复电路有两种:平方环电路和科斯塔斯电路。这两种电路提取的载波都存在所谓"相位模糊度"的问题,这对于数字传输来说当然是不能允许的。克服相位模糊度对于相干解调影响的最常用而又最有效的办法是在调制器输入的数字基带信号中采用差分编码,即 2DPSK 方式。首先对数字基带信号进行差分编码,即将绝对码表示变为相对码表示,然后再进行绝对调相。本系统采取了这种方式。对于 2DPSK 解调,一般采用相干解调方式。

但是在大型河工模型的试验中,数据量太大,上述的两种方法相结合仍无法满足试验过程中大量数据的高速且实时的传输要求。因此,本项目设计一种基于小波滤波器组的波浪数据压缩与重建技术,对波高仪采集的数据先是进行小波检测与消除噪声,数据通过滤波器器组后再进行 EZW 压缩,压缩后的数据再经无线模块采用多通道自适应无线传输技术传输到上位机,上位机对接收的数据进行重建以实现上位机的实时监测功能。

近年来,小波分析在数据压缩、图像处理和数据融合等信号处理领域得到了广泛的应用。后文将从小波函数和小波变换、小波函数的性质等几个方面对小波分析的基本理论进行简单的介绍。

指定 R 为实数域,对 $\forall f(x) \in L^n(R)$,n 为 1 或 2,$L^n(R)$ 为满足 $\int_{-\infty}^{+\infty} |f(x)|^n \mathrm{d}x < \infty$ 的全体函数所构成的空间。小波函数和小波变换的定义如下。

定义 1: 设函数 $\psi \in L^2(R) \bigcap L^1(R)$,并且 $\hat{\psi}(0) = 0$,由 ψ 经伸缩和平移可得到一簇函数

$$\psi_{a,b}(x) = \mid a \mid^{-1/2} \psi\left(\frac{x-b}{a}\right), (a,b \in R, a \neq 0) \tag{2-47}$$

则称 $\{\psi_{a,b}\}$ 为连续小波,称 ψ 为基本小波或小波。其中,a 为伸缩因子,b 为平移因子,$\hat{\psi}$ 为 ψ 的傅里叶变换。

定义 2: 设 ψ 为基本小波,$\{\psi_{a,b}\}$ 为式(2-47)定义的连续小波,对于信号 $f \in L^2(R)$,其连续小波变换定义为

$$(W_\psi f)(a,b) = \mid a \mid^{-1/2} \int_{-\infty}^{+\infty} f(x)\overline{\psi}(\frac{x-b}{a})\mathrm{d}x \tag{2-48}$$

其中,$\overline{\psi}(x)$ 表示 $\psi(x)$ 的复共轭。

对基本小波的条件进行加强,有如下定义

定义 3: 设 $\psi \in L^2(R) \bigcap L^1(R)$,且满足条件

$$\int_{-\infty}^{+\infty} \frac{\mid \overline{\psi}(w \mid)}{\mid w \mid}\mathrm{d}w < \infty \tag{2-49}$$

则称 ψ 为允许小波,式(2-49)为允许条件。

如果基本小波是允许小波,则小波变换后可回复原始信号。

在信号处理中,一般采用离散小波变换(DWT)。我们把式(2-47)中的参数 a 和 b 都取离散值,取 $a = a_0^{-m}$,$b = nb_0 a_0^{-m}$,$a_0 > 1$,$b_0 \neq 0$,从而将连续小波变成离散小波,即:

$$\psi_{m,n}(x) = a_0^{m/2}\psi(a_0^m - nb_0), (m,n \in \mathbf{Z}) \tag{2-50}$$

其中,Z 表示整数集。基于离散小波,类似地可以定义离散小波变换。

在工程实践中,经常用到的小波函数有 Harr 小波、Mexican Hat 小波、Bior 系小波、Morlet 小波等。

小波函数的性质包括正交性、正则性、对称性、消失矩和紧支性等,这些性质将会影响到压缩、融合等数据处理的效率。

① 正交性

设 $\psi \in L^2(R)$,若函数系 $\{\psi(x-k) \mid k \in \mathbf{Z}\}$ 满足

$$\langle \psi(x-k), \psi(x-l) \rangle = \begin{cases} 1, k = l \\ 0, k \neq l \end{cases} \tag{2-51}$$

则称函数系 $\{\psi(x-k) \mid k \in \mathbf{Z}\}$ 为规范正交系。其中 $\langle \bullet, \bullet \rangle$ 表示内积运算。

② 正则性

正则性表现为小波函数的可微性,是小波函数光滑程度的一种描述。对于

小波函数来说,正则性阶数越大,收敛越快,其邻域的能量越集中。

③ 对称性

设 $\psi \in L^2(R)$，$a \in \mathbf{R}$。若 $\psi(a+x) = \psi(a-x)$，称 $\psi(x)$ 具有对称性。若 $\psi(a+x) = -\psi(a-x)$，则称 $\psi(x)$ 具有反对称性。Daubechies 已证明,除 Harr 小波外,不存在对称的紧支撑正交小波。

④ 消失矩

对所有 $x \leqslant k \leqslant N$，若小波函数 $\psi(x)$ 满足

$$\int_{-\infty}^{+\infty} x^k \psi(x) \mathrm{d}x = 0 \tag{2-52}$$

则 $\psi(x)$ 具有 N 阶消失矩。当信号光滑时,越大的消失矩将导致越小的小波系数,而对于不光滑信号,将会产生更多更大的小波系数。

⑤ 紧支性

若小波函数 $\psi(x)$ 在某个区间 $[a,b]$ 外恒为零,则称该小波函数具有紧支性,区间 $[a,b]$ 称为 $\psi(x)$ 的支撑长度。对小波函数来说,尽量短的支撑长度将会加快小波变换的速度。从另一方面看,短的支撑长度又会导致小波函数的光滑度下降,正则性变差。

不同性质的小波函数适合处理不同统计特性的信号。在无线传感器网络的数据收集中,需要针对不同传感数据的统计特性选择小波函数,以提高数据的效率。

假设一个光滑函数 $\theta(x)$，满足以下条件

$$\theta(x) = O\left(\frac{1}{1+x^2}\right) 和 \int_R \theta(x)\mathrm{d}x \neq 0 \tag{2-53}$$

且定义 $\theta_s(x) = \frac{1}{S\theta(x/s)}$，定义两小波函数 $\psi^1(x) = \frac{\mathrm{d}\theta(x)}{\mathrm{d}x}$，$\psi^2(x) = \frac{\mathrm{d}^2\theta(x)}{\mathrm{d}x^2}$

对 $f(x) \in L^2(R)$，其小波变换为

$$W^1 f(s,x) = f * \psi_s^1(x) = s\frac{\mathrm{d}}{\mathrm{d}x}(f * \theta_s)(x) \tag{2-54}$$

$$W^2 f(s,x) = f * \psi_s^2(s) = s^2 \frac{\mathrm{d}^2}{\mathrm{d}x^2}(f * \theta_s)(x) \tag{2-55}$$

$f * \theta(x)$ 起到光滑化 $f(x)$ 的作用。对每一尺度 s，其 $W^1 f(s,x)$，$W^2 f(s,x)$ 分别正比于 $f * \theta(x)$ 的一阶导数和二阶导数。

$W^1 f(s,x)$ 的极大值随着 s 具有传递性,Mallat 算法中已经证明:如果小波

在更小的尺度上不存在局部模极大值，那么在该邻域不可能有奇异点。这表明奇异点的存在与每一个尺度都具有模极大值有关。一般情况下，尺度从大到小，其模极大值点会聚为奇异点，构成一条模极大值线。

小波变换的模极大值边缘检测法，其实质就是尺度边缘检测。在工程应用中运用小波变换表征弹道特征点的具体步骤如下：

a. 把 $x(k)$ 在两端利用信号延拓（可用信号延拓工具或延拓函数），使主要数据有一定阶数的连续性。

b. 对 $x(k)$ 进行连续小波变换。

c. 找出小波变换系数的模极大值点。这里的极大值点有可能是由随机白噪声引入的，所以要在不同的尺度因子下观察该极值点的变化趋势和性质，从而具体判断该极值点是否正是所要提取的特征点还是由随机噪声引入的极大值点。

d. 保留信号自身的奇异点，去除由噪声引入的奇异点，对于信号自身的奇异点记录其时间坐标。

在实际的工程中，有用信号通常表现为低频信号或是一些比较平稳的信号，而噪声信号则通常表现为高频信号。所以消噪过程首先可对信号进行小波分解，噪声通常包含在尺度小的几层中，因而可以以门限阈值等形式对小波系数进行处理，然后对信号进行各种分析。一般来说，一维信号的消噪过程可分为 3 个步骤进行：

a. 一维信号的小波分解。选择一个小波并确定一个小波分解的层数 N，然后对信号进行 N 层小波分解。

b. 小波分解高频系数的阈值化。对第一到第 N 层的每一层高频系数，选择一个阈值进行软阈值量化处理。

c. 一维小波的重构。根据小波分解的第 N 层低频系数和经过量化处理后的第一层到第 N 层的高频系数，进行一维信号的小波重构。

以上提到的 3 个步骤中最重要的环节就是如何选取阈值和如何进行阈值的量化。阈值选取中有以下几种常用的阈值：① 固定的阈值形式，产生的阈值大小是 $T=2 \times \log(L)$，其中 L 是信号的长度。② SURE 无偏估计是基于史坦的无偏似然估计（二次方程）原理的自适应阈值选择。对于一个给定的阈值 t，得到它的似然估计，再将非似然 T 最小化，就得到了所选的阈值，它是一种软阈值估计器。③ 启发式阈值选择，它是一种最优预测的变量阈值选择，是前两种阈值的综合，即如果信噪比很小，SURE 估计有很大的噪声，那么就采取固定的阈值。④ 极大极小原理选择的阈值，采用的也是一种固定的阈值，它产生一个最小均方误差的极值，而不是无误差。在统计学上，这种极值原理用于设计估计器,因为被消噪的信号可以看作与未知回归函数的估计式相似,这种极值估计器可以在一个给定的函数集中实现最大均方误差最小化。

对带噪信号进行分解时,它产生的高频系数将和噪声信号的高频分量相叠加,如果用 SURE 估计或极大极小原理选择阈值时,由于其选取的规则比较保守(只将部分系数置为零),因此对含有少部分高频信号的待处理信号,这两种方法比较适合,它们可以将弱小的信号提取出来;另外两种阈值选取原则,在去除噪声时很有可能把有用的高频特征信号当作噪声信号消除。

根据前面的结论,我们可以把两种手段联合起来,先对带噪信号进行分解,对各尺度下的分解系数用较为保守的 SURE 无偏估计法或最大最小值法计算阈值,然后进行量化处理。具体的处理过程详见图 2-65。处理后,再利用各尺度的结果,根据信号和噪声在小波空间的传播特性——随着尺度加大信号的小波变换系数也随之加大,而噪声的小波变换系数是逐渐减小,按尺度从小到大的顺序,逐层来估计信号的突变点。

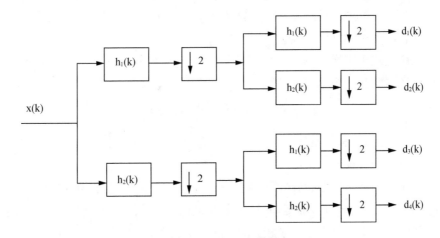

图 2-65　相干检测原理

利用 bior3.7 小波设计两组滤波器,一组代表低通滤波器,另一组代表高通滤波器,利用这两组滤波器系数,构建图 2-65 所示的两级滤波结构;采集 64 个数据,并对采集的信号在两端进行信号延拓;利用图 2-65 的滤波器结构对 $x(k)$ 进行连续滤波和数据抽取处理,得到 $d_1(k)$、$d_2(k)$、$d_3(k)$、$d_4(k)$ 四组数据,每组 16 个点。

对第 1 到第 4 组的每一组输出数据,$d_1(k)$、$d_2(k)$、$d_3(k)$、$d_4(k)$,选择 1 个阈值进行软阈值量化处理,经过软阈值处理后的 4 组数组用 $y_1(k)$、$y_2(k)$、$y_3(k)$、$y_4(k)$ 表示。

估计噪声方差 σ_n^2,具体方法为

$$\sigma_n^2 = median(|y_i|)/0.674\ 5 \tag{2-56}$$

对每层中每个子带,不含低通滤波器,按下列软阈值方法修改小波系数

$$y^{new} = \begin{cases} \mathrm{sgn}(y_I)(|y_I|-\delta_n), & |y_I| > \delta \\ 0, & |y_I| \leqslant \delta| \end{cases} \tag{2-57}$$

经过小波滤波器组处理后的数据 $y_1(k)$、$y_2(k)$、$y_3(k)$、$y_4(k)$ 有许多值为零,且根据水波的特点,大部分数据集中在某个通道中。编码时将这 64 个数据看作一维数据,对消息序列 $y^n(k) = y_1(k)y_2(k)\cdots y_n(k)$ 从左到右进行阅读,并依次进行 LZW 编码:对于 $y_1(k)$ 显然是第 1 次出现,它的前面也没有字符,那么它的编号是 1,它的码元为 $(1,0,y_1(k))$。对 $y_2(k)$ 它可能有两种情况发生,即 $y_2(k) = y_1(k)$ 或 $y_2(k) \neq y_1(k)$:如果 $y_2(k) = y_1(k)$,那么对 $y_2(k)$ 不作编码,而对 $y_3(k)$ 的编码位点取为 2,连接位点则为 1,这表示对 $y_3(k)$ 做第 2 次编码,它与第 1 次编码的 $y_1(k)$ 相连接;如果 $y_2(k) \neq y_1(k)$,那么记 $y_2(k)$ 的编码位点取为 2,连接位点则为 0,这表示对 $y_2(k)$ 做第 2 次编码,它的前面没有出现过相同的字符。

依照上述步骤递推,如果对向量 $y^{n'}(k) = y_1(k)y_2(k)\cdots y_{n'}(k),(n' < n)$,我们已经得到它的编码

$$C' = \{(i,l_i,y_{ji}(k)),i=1,2,\cdots,m'\} \tag{2-58}$$

对上式的 C' 满足条件:对每一个 i 有且只有一对 $(l_i,y_{ji}(k))$,使 $l_i < i \leqslant j_i$ 成立,那么 C' 构成一 LZW 树。

由树的构造可知,对每个点 i,它的枝 L'_i 是唯一的。因此,树 C' 的全部枝由 L'_i($i=1,2,\cdots,m'$)确定,而且每个 L'_i 与 $y^{n'}(k)$ 中的子向量 $y_{\partial'_i}(k)$ 对应。

如向量 $y^{n'}(k)$ 的编码 C' 及相应的树确定,那么我们就可读 $y_{n'+1}(k)$,$y_{n'+2}(k)$,$\cdots$,并对它们继续进行编码,如果有 1 个 $i \leqslant m'$ 使 $y_{\partial_i}(k) = (y_{n'+1}(k)$,$y_{n'+2}(k),\cdots,y_{n'+m}(k))$ 成立,而且对任何 $i \leqslant m'$ 都有

$$(y_{n'+1}(k),y_{n'+2}(k),\cdots,y_{n'+m}(k),y_{n'+m+1}(k)) \neq y_{\partial'_i}(k)$$

那么

① 对 $y_{n'+1}(k),y_{n'+2}(k),\cdots,y_{n'+m}(k)$ 不进行编码。

② 对 $y_{n'+m+1}(k)$ 作它的编码为 $(m'+1,i,y_{n'+m+1}(k))$。

以此类推,就可完成对 $y_n(k)$ 的编码 C'。

当接收到传输的编码后,先对编码进行解码,再按照两级滤波结构恢复数据。

　　小波变换是数据压缩的有力工具。小波变换用于信号的压缩有许多的编码方法，而"嵌入零树小波"(EZW)是一种有效的方法。EZW方法对一给定的波特率在嵌入编码的约束下能获得最佳质量的信号重建。所谓嵌入编码，即对所有的编码信号在较低的波特率下被嵌入1个预先指定的相对于目标波特率的波特流，因此对压缩数据的传输和解码能停止在任何一点上，这样信号就能被重建。

　　为增进小波系数的有效数据的压缩，新定义1个数据结构，称之为"零树"(Zerotree)。一小波系数 X，相对于给定的阈值 T 可能也是无意义的。经验证明，此前提通常是正确的。

　　更明确地说，在分级的子频带系统中，除了最高频率的子频带以外，在所给的尺度内，每一个系数在同样的方向上与下一更精细尺度的一组系数相关。在粗尺度时的系数称为"父"，而相应于同样的空间在同样的方向上，下一更精细尺度的所有的系数称为"子"。对一所给的父，相应于同样的位置，在同样的方向上所有的较精细尺度的系数组称为"子孙"。同样的，对一所给的"子"来说，相应于同样的位置，在同样的方向上，所有的较粗的尺度系数组称为"祖先"。

　　给定1个阈值 T 来决定一系数 X 它本身以及它的所有子孙相对于阈值 T 而言是无意义的，那它就被称为零树的1个元素。若零树的某1个元素，它不是相对于阈值而言的先前零树的子孙，那它就被称为此阈值下零树的根。它不是在相同的阈值下，在粗尺度被认为是无意义的。零树根可以用特殊的符号加以编码指出某系数在更精细的尺度下为无意义的，是完全可以预言的。

　　EZW算法基于优先变换信号的"有意义"的小波系数的位置和符号，通过利用小波变换经过尺度的自相似性压缩无意义的系数的编码的位置，通过逐次小片变换数据系数逐渐接近于信号系数的幅值。

　　正向的小波变换重新与信号相关，并将其信息集中于相关的大幅值的少量系数中。这些大系数较小系数包含有较多的能量，故对信号重建时的质量比小系数较为重要。因此，EZW优先方案即为在变换小系数之前先变换大的(有效的)系数。此方案是使小波系数多次通过阈值，每一次通过，降低1个阈值，其值是2的因子。每通过一次编码器使先前已经被确认为有意义的幅值更精确，然后搜索先前认为无意义的数据，对相应于每1个新的阈值的有效信息进行编码。为减少传输的信息量，EZW编码器采用了较为先进的方式即若一小波系数在粗尺度下无意义的话，它在精细尺度下同样的空间位置上的所有小波系数可能也是无意义的。例如，小波系数 C 在粗尺度下，相应于所给的阈值是无意义的，那么在分层递进中的 C 相应于此阈值也是无意义的。若真是这样，我们就认为 C 就是零树根，把 C 编码为零树根，我们就此进行了压缩，指定它的子孙(可能为数众多的)为无意义的。

数据被分离成无重叠的 M 采样数据块,这里 M 为 2 的指数形式。每一数据块将分别给变换和编码。在对 ECG 信号进行编码的过程中,可将信号分成有效和无效两大类,按上述的 EZW 编码流程进行编码,达到压缩的目的。

对小波分解后的低频部分,也就是信号的平滑概貌部分,数据值都较大,须用较多的位数来表示一个数据。对小波分解后的高频部分,也就是信号的细节部分,数据值较小,只需较少的位数来表示。

与原始数据相比,各个滤波通道的输出数据有两个特点,一是数据的波动性大大减小,这为数据的差分编码压缩提供了有利条件;二是许多通道输出出现零值,这为游程编码的实施提供了很好的条件。我们不采用差分编码,只采用游程编码,也可将数据压缩到原数据的 1/4。小波重构信号在最大程度保留原信号的基础上实现去噪处理,抑制了无用信号。

2.8 压力总力仪

2.8.1 概述

在水利工程的物理模型试验中,需要测量脉动水压和波压力,执行这类测量的仪器和传感器应具有频响快、灵敏度高、体积小,防水性能好的特点,一般测立波压力的仪器其自振频率在 $60\sim100$ Hz 之间;测破波压力的仪器,其自振频率应大于 1 500～2 000 Hz。目前测量的方法较多,有应变片式、压电式、电感式、霍尔效应式等,但应用最广泛的是应变片式压力传感器和压电式压力传感器。

目前模型上使用的压力传感器虽能实现多点同步采集,但是压力总力测量范围有限,测压深度只有 3 m 左右,测量精度只有 5%,不能满足日益深入的研究需求,因此如何在现有压力总力传感器的基础上提升压力总力仪的测量精度及测量范围,是本研究解决的关键问题。目前研究的主要目的是研制出测压范围为 0～50 kPa,测量精度为 1% 的高精度压力总力仪(如图 2-66 所示),以满足港工模型试验需要。

2.8.2 基本原理

压力仪主要选用压力传感芯片将压力转换成电量,在通放大电路、调零电路、A/D 转换模块等信号采集与调制模块,将采集的电量传输至单片机微处理器,并由微处理器传送至数据传输模块,数据传输模块将接收到的数据传递至上位机软件及数据库中,进行数据的显示、存储,如图 6-67 所示。

图 2-66　压力总力仪

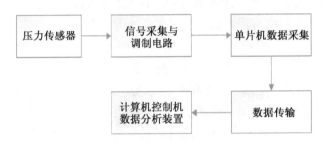

图 2-67　压力传感器结构图

2.8.3　仪器构成

压力总力仪主要包括控制数据分析的上位机计算机和传感器单元。传感器单元主要由微处理器模块、A/D 转换模块、电源模块、压力转换模块，数据传输模块等组成。

研制的压力总力仪，采用多个压力传感器，布置在需要测量的各个方向，通过同步测量各个方向的力和力矩，实现总力的测量，如图 2-68 所示。

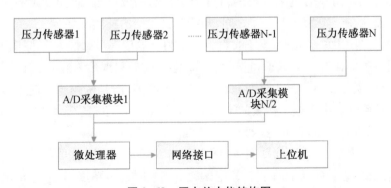

图 2-68　压力总力仪结构图

2.8.4 关键技术

(1) 压力传感器

Motorola 的 MPX 系列压力传感器采用了已获专利的 Stain gauge 设计技术,这就为 MPX 具有良好的性能奠定了基础。和传统的压力传感器不同,MPX 压力传感器不采用 4 个电阻组成的惠斯通电桥,而只用了 1 个嵌于腐蚀硅膜片上的压敏电阻,它的输出电压与压力成正比,并且线性度很好,但其输出电压受电源电压的影响。MPX 系列传感器的灵敏度很高,可长期反复使用,应用前景很好。

MPX 系列传感器利用计算机对内部的刻度和温度补偿电阻进行微调校准,因此在很宽的温度范围内都可实现准确的压力测定。当工作温度在 0 ℃～85 ℃之间时,由于温度而造成的误差的典型值为满刻度的 $\pm 0.5\%$,同样的温度范围内,由于温度造成的电压误差的最大值为 ± 1 mV。

MPX 系列压力传感器中,既有最基础的感应元件,又有内部附加了温度补偿和校准电路的,还有附加了全部信号的调整电路。这样,我们可以根据需要购买 1 个带温度补偿的品种,也可以只买基本传感元件,然后根据要求自行设计电路进行补偿。

摩托罗拉的压力传感器是利用 1 个单片硅压敏电阻来产生随外加压力变化而变化的输出电压的,这个电阻是 1 个应变电阻片,嵌在 1 个很薄的硅膜板上。

在硅膜板上施加 1 个压力时,应变器的阻抗就会发生变化,输出电压也作相应的变化,与压力成比例。应变仪是硅膜板的 1 个组成部分,因此,当温度变化时,不会因为应变仪和硅膜板热胀系数的差异而影响输出电压的精度。但是,应变器本身的输出参数受温度的影响,因此工作温度范围较大时,要对它进行温度补偿。简单的电阻补偿网络可用于很窄的温度范围,如 0 ℃～85 ℃。若温度变化在 -40 ℃～125 ℃之间,则需要更复杂的补偿网络。

由于只使用单个元件,就不必再像对应力和温度都灵敏的多个电阻组成的惠斯通电桥那样费心考虑了,它还大大简化了校准和温度补偿所需的附加电路。此外,误差也不依赖于惠斯通电桥的 4 个电阻,而是依赖于横向电压接头位置的精确度。由于这个接头的排放是通过照相平版印刷步骤完成的,易于控制,并且只需正电压,误差电压为 0 也是可以实现的了。

本研究中采用 MPX53D 型压力传感器作为测量器件。该器件是硅压阻式压力传感器,它是硅膜上的单个 X 型压敏电阻,线性好,精度高,且输出电压正比于外界施加压力。MPX53D 型压力传感器采用专利 X 型单个四端压敏电阻应变仪,它与传统的设计不同,传统的设计电路使用的是惠斯通电桥,而 MPX53D 型压力传感器中的惠斯通电桥被一个呈 X 型的四端元件所替代,该元件具有比惠斯通电桥有更好的线性度和更高的精度。这种压力传感器由于其成品率高,性能好,因而具有蓬勃的生命力,是一种很有发展前景的新产品。

一个 X 型压敏电阻被置于硅膜边缘,如图 2-69 所示,其中,1 脚接地,3 脚接电源,电流从 3 脚流向 1 脚。施加在硅膜片上的压力方向与电流的流向相垂直,该压力会在电阻两端建立一个横向电场,该电场穿过电阻器终点,所产生的电压差由压敏电阻的 2 脚和 4 脚输出。MPX53D 型压力传感器就是 X 型硅压力传感器,具有图 2-69 上述结构。

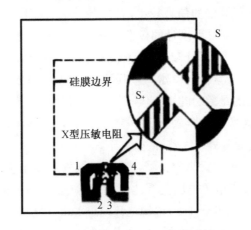

图 2-69　X 型硅压力传感器俯视图

MPX53D 型压力传感器有四个引脚,2 脚和 4 脚分别对应传感器的正负输出端口,1 脚接地,3 脚接电源正极。本项目中所使用的电源是标准供电电源,电压为 3.3 V。

压阻式压力传感器元件是一个半导体器件,它能给出与施加在传感器上的压力成正比的电输出信号。线性度指的是在工作压力范围内传感器的输出电压是否能够很好地符合式

$$V_{out} = V_{off} + (sensitivity \times P) \tag{2-59}$$

其中:V_{out} 是压力传感器的输出电压,mV;V_{off} 是压力传感器的零位偏差电压,mV;$sensitivity$(压力传感器的灵敏度)$= \Delta V / \Delta P (mV/kPa)$;$P$ 是被测压力,kPa。

有两种基本方法来计算压力传感器的非线性度:① 将输出特性的端点连成直线来计算;② 用最小二乘法拟合最佳直线来计算。最小二乘法拟合给出

的线性误差是最佳线性误差,即最小误差值,但这种计算方法比较繁杂。与此相反,端点连线法计算虽然会给出误差的最坏情况,但通常在误差的预先估计中希望用这种方法,而且这种方法对用户来说是比较简单明了的。在中等压力情况下,这款传感器的线性度测量采用的是端点连线法。传感器的输出电压与输入压差成线性比例关系,斜率 $S = \Delta V / \Delta P(mV/kPa)$ 就是传感器的灵敏度。当外加压力为零时,传感器就有一输出电压,即零位偏差电压 V_{off},随着压力的增大,输出电压也增大,由压力引起的输出电压的变化等于此时的输出电压减去零位偏差电压。

(2) 放大电路模块

由于压力传感器输出的信号较小,且是差分信号,因此放大电路必须能够进行差分信号放大。本项目设计的仪器的放大电路以差分放大运放 AD623A 构建。整个电路包含两个关键芯片:差分放大芯片 AD623A 和提供负电压的 MAX1044 芯片。两个紧密电位器,分别可以调节零点和放大倍数。

MPX53D 输出的是差分电压信号,信号比较小,不能直接进入模数转换器,必须通过差分信号放大器放大后才能进入 A/D 转换模块。我们分别研究并实验了两种形式的差分放大器,简介如下。

① LM358 是一种双运算放大器。其内部结构有两个相互独立、高增益的双运算放大器,适合于电源电压范围比较宽的单电源,同样也适用于双电源的工作状态,在核实的工作条件下,电源电流与电源电压之间不存在必然的联系。LM358 的使用范围为传感放大器、直流增益模块和其余全部可使用单电源供电的运算放大器的使用情形。LM358 具有贴片式以及直插式两种封装的样式。

利用 LM358 构建的差分放大器在实际应用中发现,当使用单电源供电时它存在固定电压偏移问题,从而影响到后续电路进一步的放大。

② AD620 的基本特点为精度高、使用简单、低噪声,增益范围 1~1 000,只需 1 个电阻即可设定,电源供电范围±2.3~±18 V,而且耗电量低,可用电池驱动,方便应用于可携式仪器中。

AD620 的 5 脚标明 V_{REF},这是为了使远距传输信号时消除地电位的不平衡而设定的,输出信号若为 V,则会叠加到 V_{REF} 上,也就是输出为 $V_{out} = V + V_{REF}$。一般把 V_{REF} 接地就可以了,或者若想抬高或拉低信号,也可以给 V_{REF} 加个电压值。

利用 AD620 差分放大器对设计的压力传感器输出信号进行了测试实验,发现输出电压的可调范围偏小。

图 2-70 基于 AD620 的差分放大器

AD623 是一个集成单电源仪表放大器，它能在单电源（＋3～＋12 V）下提供满电源幅度的输出，AD623 允许使用单个增益设置电阻进行增益编程，以得到良好的用户灵活性。在无外接电阻的条件下，AD623 被设置为单位增益；外接电阻后，AD623 可编程设置增益，其增益最高可达 1 000 倍。AD623 通过提供极好的随增益增大而增大的交流共模抑制比（AC common-mode rejcetion ratio）而保持最小的误差，线路噪声及谐波将由于共模抑制比在高达 200 Hz 时仍保持恒定而受到抑制。虽然 AD623 是基于单电源方式进行优化设计的，但当它工作于双电源（±2.5～±6 V）时，仍能提供优良的性能。其特点是低功耗（3 V 时 1.5 mW）、宽电源电压范围、满电源幅度输出。

AD623 的输入信号加到作为电压缓冲器的 PNP 晶体管上，并且提供 1 个共模信号到输入放大器，每个放大器接入 1 个精确的 50 kΩ 的反馈电阻，以保证增益可编程。差分输出为

$$V_0 = \left[1 + \frac{100\ \mathrm{K}\Omega}{R_G}\right]V_C \qquad (2\text{-}60)$$

然后差分电压通过输出放大器转变为单端电压。6 脚的输出电压以 5 脚的电位为基准进行测量。基准端（5 脚）的阻抗是 100 kΩ，在需要电压/电流转换的应用中仅仅需要在 5 脚与 6 脚之间连接 1 只小电阻。＋VS 和－VS 接双极性电源（VS＝±2.5～±6 V）或单电源（＋VS＝3.0～12 V，－VS＝0）。靠近电源引脚处加电容去耦，去耦电容最好选用 0.1 μF 的瓷片电容或 10 μF 的钽电解电容。AD623 的增益 g 由 R_g 进行电阻编程，或更准确地说，由 1 脚和 8 脚之间的阻抗来决定。R_g 可以由公式 $R_g = 100K/(g-1)$ 计算。

AD623 仪表放大器既可单电源供电（−VS＝0 V，＋VS＝＋3.0～12 V），也可以双电源供电（VS＝±2.5～±6 V）。应该注意，电源去耦电容应靠近电源管脚，最好选用表面贴装 0.1 μF 陶瓷电容和 10 μF 钽电解电容。AD623 的电源管脚内部设有两个钳位二极管，用来保护输入端、参考端、输出端和增益电阻端比电源电压高或低 0.3 V 的过压。对所有的增益，无论电源接通或切断，此两个二极管均有保护作用。

在信号源和放大器分别供电的情况下此保护作用尤为重要。如果过压超过上述值，则在两个输入端应外加限流电阻，使通过二极管的电流限制在10 mA之内。

考虑本应用的输入信号较小，放大倍数较大，且希望零点可调，这样放大信号的输出范围不受零点值的限制，所以采用双电源供电。

（3）多通道同步采集模块

本项目构建了多通道压力采集系统。每个压力传感器的差分信号首先进入信号处理模块进行处理，处理后的信号进入 AD7606 模块。每个采集板采样两个 AD7606 模块，由单片机控制他们之间的同步。AD 转换的数据通过单片机的 SPI 口进行采集，并通过网口进入计算机，由计算机对这些数据进行管理。整个多通道采集系统框架如图 2-71 所示。

对超过 16 路的压力采集系统，有两种方法保持它们之间的同步。一种是利用其中一路采集模块所发出的采集信号作为采样标准时钟，供给其余 A/D 模块的使用；另一种是利用网络接口从上位机发同步脉冲给每个 A/D 模块，所有的 A/D 采集模块均以此脉冲工作。此两种方法在本压力采集系统设计中均有提供。

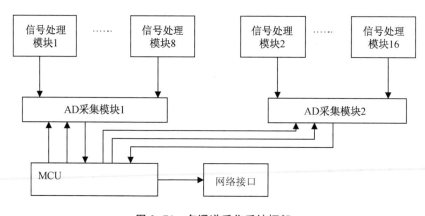

图 2-71　多通道采集系统框架

2.9 新型热敏切应力仪

2.9.1 概述

泥沙运动受制于水下床面切应力的作用,因此通过研究床面切应力来研究泥沙运动基本理论问题是重要途径之一。通过研究作用于泥沙上的切应力可深刻认识泥沙起动、悬浮、输移等运动机理。但是由于作用于泥沙颗粒上的切应力很小,且水下量测环境恶劣、水面波动、切应力变化频率高等原因,长期以来一直缺乏有效可行的直接量测手段,一定程度上限制了波流泥沙运动理论的发展。

随着微机电系统(MEMS)的发展,微型热敏式切应力仪逐步推广应用到水下切应力测量中,国内外许多学者进行了探索研究,取得了一些突破。但是由于水下切应力较小、工作环境恶劣等原因,微型热敏式切应力仪在水下切应力测量应用中仍存在一些问题,例如测量精度、水温影响、耐久性等。随着人们研究的深入和微机电系统的不断发展,微型热敏式切应力仪在水下测量中的应用逐步走向成熟,将为泥沙基础理论研究带来新的发展。

2.9.2 基本原理

微型热敏传感器是利用流体经过热敏元件表面带走热量并转换为热敏元件输出电压信号变化的原理进行工作的,分恒流法和恒温法两种工作模式。如图 2-72 所示,微型热敏传感器置于流体边界层厚度范围之内,电流自加热并被外界流体的强制对流传热所冷却;通过热敏元件的温度与流速间的关系得到流速以及与流速相关的流量、壁面切应力等流体参数。

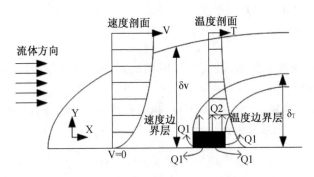

图 2-72 微型热敏传感器的测量原理

当流体与表面物体存在相对运动时就会在接触面上产生力的作用，这是由流体的黏性引起的，因此称为流体的内摩擦力。单位面积上的摩擦力称为切应力。根据牛顿内摩擦定律，切应力 τ 与流体沿法线方向的速度梯度成正比。

$$\tau = \mu \frac{\mathrm{d}u_z}{\mathrm{d}z}\bigg|_{z=0} \tag{2-61}$$

式中：μ 是流体的黏度；u_z 是距表面距离为 z 处的速度。

在热平衡过程中涉及流速、加热电流、热敏元件的温度等物理量，它们之间具有一定内在联系。从绝对意义上，流体环境中的微型热敏传感器有三种热转换形式：热传导、热对流、热辐射。其中自然对流和热辐射的影响很小，可忽略不计。图 2-73 为微型热敏传感器热平衡示意图。

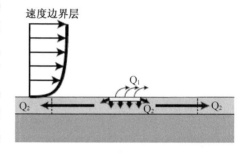

图 2-73　微型热敏传感器热平衡示意图

根据热平衡原理，通过薄膜热敏元件的电流产生的热量等于总的热损耗能量。电流通过薄膜热敏元件产生的热量为

$$P = I^2 R = I^2 R_0 \big[1 + \alpha(T_s - T_f)\big] \tag{2-62}$$

式中：I 为加热电流；R_0 为热敏元件在环境温度下的阻值；T_s 为热敏元件上的温度；T_f 为流体环境温度；$R = R_0\big[1 + \alpha(T_s - T_f)\big]$；$\alpha$ 为电阻温度系数。

总的热损耗能量包括热敏元件由强制对流散失的热量 Q_1 和热敏元件传导到隔热层的热量 Q_2。由于热敏传感器采用了隔热性能较好的聚酰亚胺作为衬底，因此 Q_2 相对于 Q_1 而言非常小，通常情况下我们可以忽略不计 Q_2 的值。

热敏元件由强制热对流散失的热量 Q_1 为

$$Q_1 = hA_s(T_s - T_f) \tag{2-63}$$

式中：h 是强制对流换热系数（或称膜传热系数、膜系数等）；A_s 是热敏元件与流体接触的面积。

对于一定的热输入功率 $P = I^2R$，热敏元件通过热对流散失到流体环境中的热量越多，传感器灵敏度就越高。

在恒温模式下，传感器的电阻通过反馈电阻保持不变，加热功率 $P = \dfrac{U^2}{R}$，这时 $\dfrac{U^2}{R_{sensor}} \cong Q_{convective} \propto \tau_w^n$，热平衡方程变为

$$U^2 = (A_T + B_T \tau^n) \qquad (2\text{-}64)$$

在恒流模式下,通过传感器的电流保持不变,加热功率 $P = UI$。这时 $UI \cong Q_{convective} \propto \tau_w^n$,热平衡方程变为

$$U = (A_C + B_C \tau^n) \qquad (2\text{-}65)$$

本项目中的热敏探头采用恒流工作模式,基于以上分析,热敏切应力传感器常用的校准公式可写成以下形式

$$U = A + B\tau^n \qquad (2\text{-}66)$$

式中:τ 为切应力值;U 为热敏传感器的输出电压值;参数 A、B 和 n 由标定试验确定。

2.9.3 仪器构成

热敏切应力测量系统主要由柔性热膜微传感器及电测系统、柔性热膜微传感器探头、切应力测试软件平台等三大部分组成。其中,电测系统主要包括 3 个模块:恒流驱动模块、调理模块、采集和显示模块。恒流驱动模块根据 U-I 原理产生恒流电流加载于热敏元件上,由于热敏元件上所受到的切应力变化而引起其上电压信号发生变化,将此电压变化值送往调理模块进行信号放大和低通滤波处理。低通滤波器采用二阶巴特沃斯滤波器,然后通过 NI USB-6211 模块采集该信号显示并记录,电压信号测量精度可达 $1\,\mu\text{V}$。电测系统结构图如图 2-74 所示。

2.9.4 关键技术

(1) 仪器标定

新型热敏切应力仪通过测量探头输出电压,然后换算得到床面切应力。因此热敏切应力仪器在应用之先,首先需要建立标准切应力高精度水槽率定装置,充分论证仪器的稳定性和敏感性等问题。

新型热敏切应力仪输出电压信号主要与床面切应力大小、水体温度等有关,因此需要研发一个既能控制床面切应力大小,又能控制水体温度的标定装置。为此,团队研发了水体智能温控扁水槽标定装置,可同步控制水体温度和流速,最高水温可达 30 ℃以上。该装置主要由宽扁长直矩形管道、电磁流量计、三角量水堰、恒温集水箱、动力水泵、掺混水泵、电导加热棒、温度传感器、温度控制系统等组成,如图 2-75、图 2-76 所示。温度控制系统基于 PID 控制技术,由数据采集器、加热控制器、工控机三部分组成,温度传感器连接至数据采

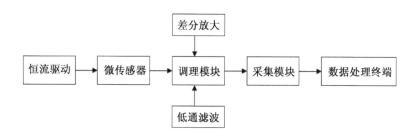

图 2-74　电测系统结构示意图

集器,温度的电信号经 A/D 转换成数字信号再送入工控机,工控机将设定的率定温度与当前采集的温度进行对比进而自动设置相应的加热功率,并对加热控制器送出控制信号,加热控制器根据工控机的指示对加热棒的加热功率进行调节。

　　该率定装置主要特点为:① 在水介质的情况下,可实现多种温度条件下热模式切应力传感器的率定;② 温度控制系统具有自动升温和维持功能,响应及时、控制精度高、稳定性好,配合三角量水堰溢流可以实现温度的动态平衡,可满足不同水温条件下切应力标定试验研究需要。水体温度较低情况下标定试验可选择在气温较低的季节或采用冰块等降温措施进行预处理,然后配合温控系统进行水体温度智能控制,以保证标定试验期间水体温度恒定。本次研发的标定装置的优势是可快速进行不同水温、复杂水沙环境下的率定工作。

　　矩形管道断面尺寸为有效段长度 3.0 m、宽 0.15 m、高 0.02 m,热敏传感器(传感器黏附在有机玻璃表面)放置在有效试验段中部,通过试验论证中部位置输入切应力稳定,满足有关测试要求。流量由安装在进口段和出口段的阀门控制,通过三角堰和电磁流量计量测,最大流量可达 56 m³/h,管道有效段断面平均流速最大可达 5 m/s,最大切应力可达 5 Pa 以上。

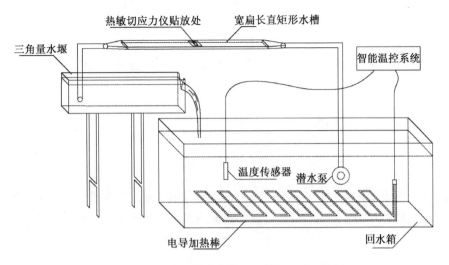

热敏切应力仪贴放处　　宽扁长直矩形水槽

三角量水堰

智能温控系统

温度传感器　潜水泵

电导加热棒　　　　　　回水箱

图 2-75　智能温控扁水槽标定装置组成示意图

图 2-76　水体智能温控系统

　　为了了解矩形管道的水力特性,首先应测量矩形管的流速分布。试验采用摄像法,在矩形管的侧壁开一小孔,将广角摄像头装入其中,激光发生器产生片光通过测量断面,利用水中塑料粒子在激光照射下产生的轨迹,可以确定在该时间内粒子的运动距离,并确定断面上各点的流速。研究表明,矩形管内流速呈对称分布,管道中心线处流速最大,壁面附近流速最小。根据矩形管内实测流速分布分析可知,在紊流条件下,有机玻璃光滑矩形管中垂线实测流速分布符合对数分布形式,可用公式(2-67)表示。

$$\frac{u}{u_*} = 5.75 \lg 9.05 \frac{yu_*}{v} = 5.75 \lg \frac{yu_*}{v} + 5.5 \qquad (2\text{-}67)$$

式中：y 为测点距壁面距离；u_* 为摩阻流速；u 为测点流速；v 为水体运动黏性系数，$v = \dfrac{\mu}{\rho}$。

断面平均流速可用式(2-68)计算

$$\bar{u} = \frac{1}{y} \int_0^y u \, \mathrm{d}y \qquad (2\text{-}68)$$

将式(2-67)代入式(2-68)，经积分简化计算得到，在紊流边界层中(管道平均流速达 0.2 m/s 以上)，不同动力条件下断面平均流速 $\bar{u}$ 与摩阻流速 u_* 相关关系如图 2-77 所示，可见二者呈线性相关，可用式(2-69)表示。

$$u_* = 5.031\bar{u} + 0.433 \qquad (2\text{-}69)$$

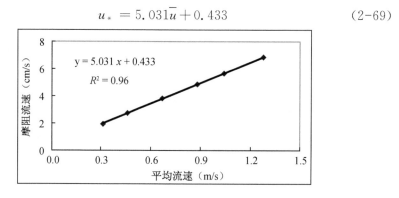

图 2-77　紊流条件下矩形管内断面平均流速与摩阻流速相关关系

因此，紊流条件下光滑管内标准切应力计算方法如下：首先计算断面平均流速 $\bar{u}$($\bar{u} = \dfrac{Q}{A}$，Q 为光滑管过流流量，A 为光滑管过流面积)，然后利用公式(2-69)计算光滑管内摩阻流速，最后利用式(2-70)计算标准切应力。

$$\tau = \rho u_*^2 \qquad (2\text{-}70)$$

(2) 新型热敏切应力仪在波浪动力环境中的测试

① 一个波周期内切应力变化过程

水深 $h = 0.54$ m、波高 $H = 0.24$ m、周期 $T = 2$ s 条件下，一个波周期内理论切应力与流速过程对应关系如图 2-78 所示。由图可见，一个波周期内流速过程经历两次正负方向变化，正向最大流速大于负向最大流速，相应一个波周期内切应力经历两次零点，由于近底正向最大流速明显大于负向最大流速，而切应力与流速的平方成正比，所以正向最大切应力明显大于负向最大切应力。

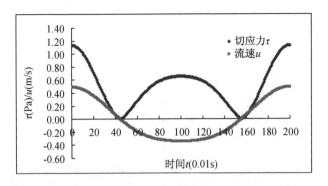

图 2-78　一个波周期内理论切应力与流速过程对应关系

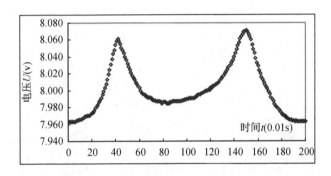

图 2-79　一个波周期内试验实测电压变化过程

　　水深 $h=0.54$ m、波高 $H=0.24$ m、周期 $T=2$ s 条件下，一个波周期内试验实测电压变化过程如图 2-79 所示。由图可见，电压变化过程存在两个低谷，正向流速和反向流速最大时刻附近分别对应两个低谷，由于反向最大流速小于正向最大流速，因此反向最大流速对应的电压值要大于正向最大流速对应的数值。对比图 2-78 和 2-79，可见实测电压过程和动力过程、理论切应力过程符合关系较好。

　　② 相同水深，不同波高条件下切应力变化过程比较

　　水深 $h=0.54$ m、周期 $T=2$ s 不同波高条件下，一个波周期内理论切应力变化过程如图 2-80 所示。由图可见，随着波高的逐步增大，正、反向最大切应力逐步增大。

　　水深 $h=0.54$ m、周期 $T=2$ s 不同波高条件下，一个波周期内试验实测电压变化过程如图 2-81 所示。由图可见，电压变化过程存在两个低谷，正向流速和反向流速最大时刻附近分别对应两个低谷，由于反向最大流速小于正向最大流速，因此反向最大流速对应的电压值要大于正向最大流速对应的数值。

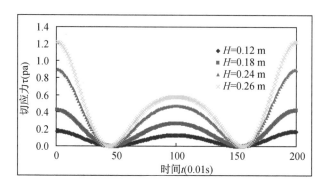

图 2-80　不同波高条件下一个波周期内理论切应力变化过程

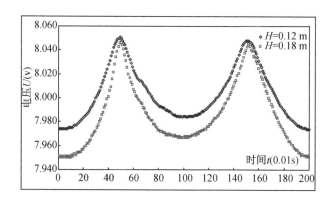

图 2-81　不同波高条件下一个波周期内实测电压变化过程

③ 波浪作用下试验测量切应力与理论计算切应力对应关系

不同波浪条件下,一个波周期内试验测量切应力与理论计算切应力变化过程对比如图 2-82 至图 2-85 所示。由图可见,两者切应力变化过程规律一致,相位关系基本相同,量值属于同一个范围,这就表明新型切应力仪可以用来测量反映波浪作用下床面切应力的变化规律。

波浪作用下热敏切应力仪量测切应力与理论计算切应力对比关系如图 2-86所示,可见 85% 的散点切应力量测值和理论计算值的偏差在 20% 以内,偏差主要与理论切应力计算公式参数取值、仪器量测精度等有关。相对来说,切应力值越大,量测值与计算值偏差相对越小。当切应力大于 0.2 Pa 时,90% 的散点偏差在 10% 以内。与霍光、琼森 U 形管试验结果相比较,本次试验结果与两者总体一致。

综上分析可见,热敏切应力仪测量可用作测量波浪作用下床面切应力,也表明了新型仪器关键参数设置是合理的。

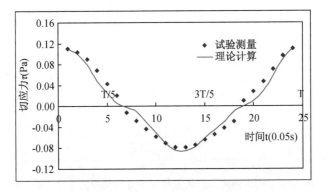

图 2-82 一个波周期内试验测量与理论计算切应力过程比较（波浪 1）

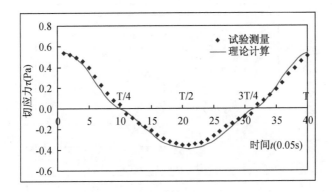

图 2-83 一个波周期内试验测量与理论计算切应力过程比较（波浪 2）

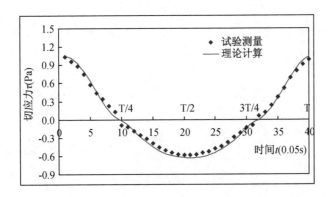

图 2-84 一个波周期内试验测量与理论计算切应力过程比较（波浪 3）

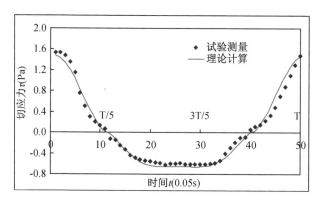

图 2-85　一个波周期内试验测量与理论计算切应力过程比较(波浪 4)

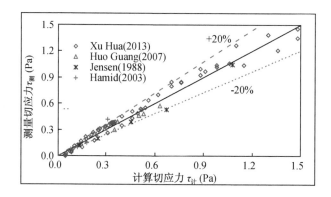

图 2-86　波浪作用下试验量测与理论计算切应力比较

/第 3 章/   测控系统

大型河工模型智能测控系统是在水沙关键量测仪器的基础上,通过系统集成点、线面自动跟踪定位量测系统、多参数同步采集系统、智能生潮控制系统、移动加沙控制系统等而形成的综合测量及控制系统,模拟天然水沙运动过程并采集试验参数。

3.1   点、线、面自动跟踪定位测量系统

3.1.1   概述

点、线、面自动跟踪定位测量系统包括点式自动跟踪架、二维全自动行走及精确定位装置、高精度测桥挠度校正装置、量测仪器搭载平台和高精度升降装置、近程控制测量系统和远程控制测量系统,能实现点、线、面自动跟踪定位测量。

通过二维码定位和磁定位,实现轨道范围内任意点定位和预设点定位。实现大量、多种类量测仪器的搭载及快速准确定位,提高试验的准确度。

3.1.2   系统组成

点、线、面自动跟踪定位测量系统主要由点测量跟踪架(如图 3-1 所示)、线测量测桥(如图 3-2 所示)和面测量搭载平台(如图 3-3 所示)组成。点测量跟踪架主要测量分布的测点,线测量测桥主要对特定断面进行测量,而面测量搭载平台则进行大范围二维面测量。

3.1.3   关键技术

(1)点跟踪测量

要解决流速的自动测量首先应解决流速传感器的自动定位。垂线流速自定位装置(又称垂线流速测量定位仪)的作用是根据当前垂线的实际水深,自动完成流速传感器的垂向定位并按规定法则采集相应点的流速。

图 3-1　点测量跟踪架

图 3-2　线测量测桥

图 3-3　面测量搭载平台

垂线流速测量定位仪由垂向传动机构、步进电机、传感器固定支架、驱动电路、测量控制电路、通信单元等部分组成,如图 3-4 所示。垂线流速测量定位仪能自动将旋桨流速传感器定位到对应的垂线水深处,并按规定的时间对旋桨转动的圈数进行积分,转换成相应的流速信号输出。垂线流速测量定位仪支持 1 点法、3 点法、5 点法和任意指定点法流速的定位与测量,具有定位速度快、精度高的特点,显著提高了测量速度和定位精度。该仪器能按规定的积分时间,自动测量 5 次流速值,并将 5 次测量值上传给系统计算机显示保存,以便用户根据 5 次测量的结果,判别流速仪的工作状况。

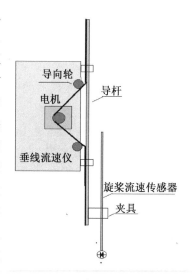

图 3-4　点跟踪测量

　　垂线流速测量定位仪可自动根据实际垂线的水深自动合理调整测量法则。如:当水深小于 100 mm 时自动由 3 点法或 5 点法调整为 1 点法;当水深小于 200 mm 时自动由 5 点法调整为 3 点法。

旋桨积分时间可由用户根据实际情况自行设定，积分时间设置范围为：1～256 s。积分时间由流速仪内部微处理器时钟严格定时，定时误差小于 10^{-6} s，可保证足够的定时精度。

（2）模型大跨度测桥挠度自动校正技术

河工模型量测参数如地形、流速、含沙量等都需要沿测量断面移动测量，受现有河工模型地形测量方法限制，地形仪不能与其他河工模型量测仪器共同于同一工作面。为减少测桥数量及降低成本，采用传统双工作面的桥体，即一面用于

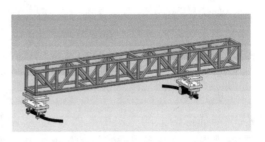

图 3-5　测桥结构示意图

搭载地形仪，另一面用于搭载量测仪器定位装置及其他河工模型量测仪器，如图 3-5 所示。

桥体采用笼形设计结构，前后侧面采用 W 形交叉对称的斜拉刚体结构，能提供多点弹性支撑，使主梁弯矩、挠度显著减小，且跨越能力较强，能较好地克服桥体因自重产生的挠度形变问题。同时斜索拉力的水平分力为主梁提供预压力，即使在悬臂工作状态下，通过调整斜索结构拉力使主梁受力均匀合理，提高主梁的加载抗裂性能，保障测桥的稳定和安全。测桥上下底面则采用"日"字形结构，方便在内部空间挂载各种仪器设备和控制驱动机箱等。

对于模型大跨度测桥，挠度自动校正是其中的关键技术，直接影响扫描测量精度。该技术将挠度测量转化为对激光位置的测量，如图 3-6 所示，将激光器固定刚接在右侧的某位置，载有光屏和摄像机的小车安置在导轨底部，整个系统除了小车其他部分都是固定不动的。当小车在导轨上缓慢移动时，导轨的

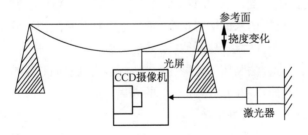

图 3-6　测桥挠度自动校正示意图

挠度值也在不断变化，而激光器照射在光屏上的位置也会同步产生竖直方向的挠度变化，设挠度变化为 y，这样激光器发出的光在光屏上光斑中心位置竖直

方向上也同样偏移了 y。于是我们通过放置在光屏后方的 CCD 摄像机对着光屏拍摄,采集不同位置的光屏和光斑的图像,通过分析光斑在图像上的位置变化情况,就可以很容易地得到 y 的值。

在挠度检测中,图像像素与实际尺寸有明确的一一对应关系。然而因为实际光学系统放大系数不容易精确求得,并且存在难以测量的装配误差,因此理论上的物象关系公式并不能直接应用,需要通过标定的方法来确定图像像素与实际尺寸的对应关系,而且可以通过标定大大减少畸变带来的误差。

因此标定是本系统的一个重要环节,这种标定实际上就是将导轨的挠度数值 y 与成像面上的光斑中心像素变量 x 间的对应关系位移确定出来,标定的准确性直接关系到图像测量的精度。在获得物象之间的点对点对应关系之后,就可以用曲线对点状图进行拟合,进而求解出曲线的标定方程以及残差,这种标定的过程极大地减小了系统误差,增加了系统的精确度(图 3-7)。

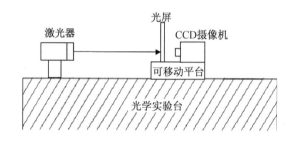

图 3-7 光学标定实验台

(3) 模型水陆边界定位识别技术

要实现河工模型大范围流速的自动快速采集,首先要解决模型断面流速的自动快速测量,而要实现模型断面多路流速快速自动采集,又必须预先知道断面水面边界的准确位置,也就是说,事先应当完成断面水面边界的自动测量,测量系统才能根据已知的水面边界信息,正确地实现各垂线流速测量定位仪的水平定位,进而完成断面垂线流速的自动采集。

激光扫描测量方法利用激光微距测量原理,实现水面和岸坡的无接触快速扫描,直接获取断面岸坡的高度和水面的高度,通过数据分析处理即可得到水面边界和岸坡地形,具有测量精度高、光斑小、分辨率高、速度快、适应性好的特点,能同时测量水上岸坡地形,所以不失为水面边界快速识别的有效方法。

① 激光扫描测量原理

激光微距测量单元主要由半导体激光器、线阵式 CCD 传感器、光学聚焦系统和信号处理电路组成,如图 3-8 所示。

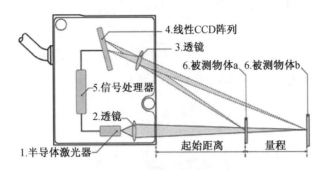

图 3-8 激光微距测量单元组成

　　激光器发出的激光束经透镜 2 聚焦准直,得到精细的光束,投射到被测界面,形成细小明亮的光斑,透镜 3 将被测界面反射的光斑成像到 CCD 阵列的相应单元。CCD 阵列是一种线阵式图像传感器,光斑的像单元受光斑激发形成与光斑强度对应的电脉冲输出。而光斑在 CCD 阵列中的位置与被测界面位置相对应,构成特定的三角几何关系。利用像距与物距之间的三角关系就可计算出被测界面的位置,也即激光三角法测距。图 3-9 给出了激光三角法测量物距与像距的几何关系。

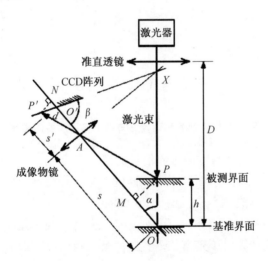

图 3-9 激光三角法测量原理图

　　其中:O 为测量激光光轴与成像物镜光轴的交点(测量参考点);D 为激光出光平面至被测表面参考点的距离;α 为测量激光光轴与成像物镜光轴的夹角;β 为检测器激光接受表面与成像物镜光轴的夹角;h 为被测界面高度;s 和 s' 为物距和像距;d 为检测器上成像点的位移即像移。

从图 3-9 不难看出，$\triangle P'NA \sim \triangle PMA$，即有

$$\frac{P'N}{AN} = \frac{PM}{AM}$$

根据几何关系，将有关参数代入得

$$\frac{d\sin\beta}{h\sin\alpha} = \frac{s' + d\cos\beta}{s - h\cos\alpha}$$

化简得
$$h = \frac{ds\sin\beta}{s'\sin\alpha + d\sin(\alpha + \beta)} \qquad (3\text{-}1)$$

这里 s、s'、α、β 均为结构常数，d 为对应被测界面的影像位移，由 CCD 阵列读出。由式(3-1)可以计算出被测界面的位置。实测界面位置 h 与像位移 d 的关系曲线如图 3-10 所示。

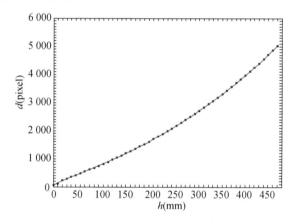

图 3-10　实测界面位置 h 与像位移 d 的关系曲线

② 水面信号的特征与水面边界信号的提取

实际上，激光投射到水面和无水床面的信号特点是不一样的。当激光投射到无水岸坡上时，形成单个较强的光斑，CCD 输出较强的单个脉冲信号，如图 3-11(a)所示，其中横坐标为 CCD 阵列对应的像素单元位置，垂直坐标为输出脉冲的幅度，系统计算出该光斑的垂直距离就可得到岸坡地形的高度。当激光投射到水面时，通常会形成两个强弱不同的光斑，如图 3-11(b)所示。这是由于水面反射性比较弱，形成的水面光斑也比较弱，大部分激光进入水体，水流清澈时会在床底形成较强的光斑。可见，当激光照射在无水床面时，只有一个光斑，而照射到水面时，会形成强弱不同的两个光斑，且水面光斑的位置在水下床面光斑位置之前。根据这一特点，分析 CCD 输出的脉冲信号的个数和强弱情况，就可以确定当前光斑是水上坡岸地形还是水面和水下床面地形，进而提取

出整个水面线。图 3-11(c)是经过放大整形后输出的光斑脉冲信号。

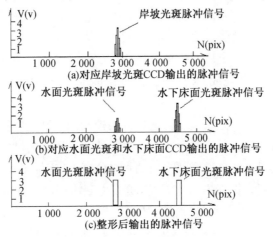

(a)对应岸坡光斑CCD输出的脉冲信号

(b)对应水面光斑和水下床面CCD输出的脉冲信号

(c)整形后输出的脉冲信号

图 3-11　不同界面 CCD 输出脉冲信号特性

设 δ 为 CCD 像单元的间距，Ni 为水面光斑对应的脉冲中心像单元数，则总像位移为：$d = Ni \cdot \delta$，代入式(3-1)得

$$h = \frac{Ni \cdot \delta \cdot s \cdot \sin\beta}{s' \cdot \sin\alpha + Ni \cdot \delta \cdot \sin(\alpha + \beta)} \tag{3-2}$$

由此可以计算出水面和岸坡地形的位置，水面线与岸坡的交界处即为断面水面边界。

③ 测量系统硬件设计

激光水面边界扫描测量单元由 CCD 线阵式传感器、CPLD 驱动电路、扫描驱动电路、水平传动机构、水平位置传感器、无线通信接口、微处理器等部分组成，如图 3-12 所示。

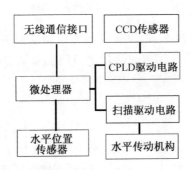

图 3-12　水面边界激光扫描测量系统硬件组成

CCD图像测量单元包含半导体激光器、光学聚焦单元和高分辨率的线阵式CCD图像传感器。系统采用松下1501D线阵CCD传感器，有效像素为5 000单元，设计有效量程为500 mm，最高分辨率为0.1 mm/pix，最低分辨率为0.2 mm/pix，精确率定后测量精度可达0.5 mm。CCD驱动电路采用CPLD可编程逻辑器件，主要完成CCD图像传感器信号采样和信号读出所需要的各种时序信号的产生。

扫描驱动电路主要完成水平行走机构的控制与驱动，从而实现激光测量系统沿断面方向的水平扫描测量。水平位置传感器采用高精度绝对式编码器，可以实时给出激光测量系统的断面方向的水平位置，精度优于1 mm。

微处理器采用高性能嵌入式系统，负责控制协调各单元的工作，从而完成CCD信号读出、扫描行走控制和信号的后处理、传输。该单元与上位测量系统采用无线网络通信方式，进行指令和数据交换，进而实现与地形流速测量系统的数据共享和联合工作。

激光水面边界自动测量系统测量过程是，由微处理器控制行走机构沿断面方向进行扫描，每隔1 cm采集1次CCD图像传感器的光斑信号，读取水面或岸坡的位置。完成断面扫描后，系统自动分析提取水面线和岸坡地形，进而得到水面边界，如图3-13所示。

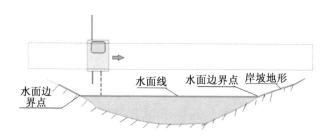

图3-13　水面边界激光扫描测量

采用激光扫描测量技术，可以实现河工模型水面边界的快速扫描测量，获得河工模型水面边界，为垂线流速测量定位仪的自动、正确定位和实现模型断面流速的自动采集提供了必要的水面位置信息。

（4）面测量系统

测桥的行走机构为沿模型纵向（X向）自动行走机构，如图3-14所示，行走机构由V槽导向滑轮、承重从动轮、主动轮以及基座、轮座、中间接板、动静旋转板、平面推力轴承等构成，能够适应模型不规则复杂地形条件的准确定位。V槽导向轮与滑轮座组成运动自由体，该自由体下端的滑轮与配套设计的六角轨道实现无缝卡接，上端与基座之间使用大直径平面推力轴承连接，在测桥运动中起引导作用,承重从动轮垂向于导轨,起到测桥主体的承重。

图 3-14 纵向(X 向)行走机构结构图

河工模型量测参数如地形、流速、含沙量等都需要沿测量断面移动测量,现有的地形需要扫描测量,因此地形仪需单独搭载在测桥的一个工作面,另一个工作面用于搭载其他河工模型量测仪器(图 3-15)。本研究根据实际需要研制

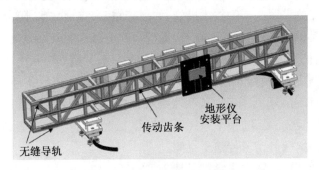

图 3-15 测桥地形测量示意图

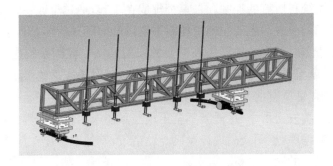

图 3-16 测桥搭载定位架示意图

了一套可独立水平(Y方向)、垂直(Z方向)移动的搭载支架,其中,Y方向通过原点回归找零,集中发送定位指令的方式实现各个测点独立定位。采用增量编码的方式,保证定位精度误差<2 mm;Z方向采用齿条计数的方式实现对不同水深位置的定位测量,保证定位精度误差<1 mm(图 3-16)。该搭载支架安装在测桥的非地形工作面上,可搭载"我国大型河工模型智能测控系统"项目所研制的流速仪、含沙量测量仪、水位仪及其他类似的仪器设备,每台升降架均能实现独立的垂向或水平移动,能实现量测仪器的准确定位。

3.2 多参数同步采集系统

3.2.1 概述

大型河工模型试验测控系统试验现场所占地面积大,信号需要长距离传输,信号在传输过程中受到的各种干扰,尤其是长线信号传输时情况更为严重。大型河工模型测控系统要求信号在长距离传输的过程中有较强的抗干扰能力,因此一方面需要采取适当的技术措施,如屏蔽技术、接地技术、隔离技术等。长线信号传输时,系统所受到的干扰有:周围空间电磁场对长线电磁感应干扰、信号间的串扰、长线信号的地线干扰等;另一方面,水工模型形状由模型所模拟的天然河道原型决定,模型形状不规则,测控点较多,现场布线条件差,布线相当复杂;控制电缆、信号线、电源线,往往是直接凌空或沿模型河道直接连接计算机,接地处理也被简单化,整个系统没有按照工业规范安装,这势必会加剧计算机与现场设备之间的信号传输干扰问题。

传统的两侧仪器数据采集都是基于 RS485 端口,无法实现同步采集,每种仪器都由一台工控机采集,无法实现各种仪器同时进行数据采集保存。而新型的测控集成系统将所有的控制和采集都集成在一起,通过集成系统使得各个独立系统的时间同步——主要是通过控制系统内的时间来控制其他系统时间,这样保证了在正点时刻有效地采集到需要的仪器数据。控制系统内有 3 个至为重要的参数,就是周期、测字和时间,这 3 个参数随时地发送给各个独立模块系统,这样才能保证所有的系统时间能同步。另外控制系统在开始与结束时都会向各个独立系统发送指令,这样就不会出现控制还未运行就采集保存了一些无用的数据到数据库,也不会出现控制已经结束了,其他系统还在保存无用数据,保证真正意义上的同步进行。

3.2.2　系统组成

参数测量数据采用无线传输,无线接收模块经 USB 口将信号传入计算机。无线传输的形式有两种,如采用 485 总线组网,可以采用 433 M 频段的超短波进行无线传输,也可以采用以太网或 WiFi 技术,方便地连接以太网实现网络化试验点各种数据的采集和系统的网络化管理,如图 3-17 所示。

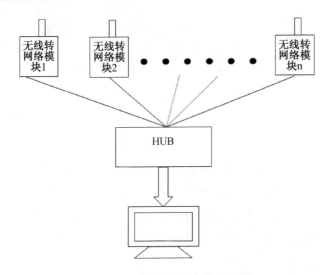

图 3-17　无线数据采集总体框图

数据采集分为水位仪数据采集和图像显示、流速仪数据采集和图像显示、测沙仪数据采集和图像显示、波高仪数据采集和图像显示以及压力仪数据采集和图像显示,如图 3-18 所示。

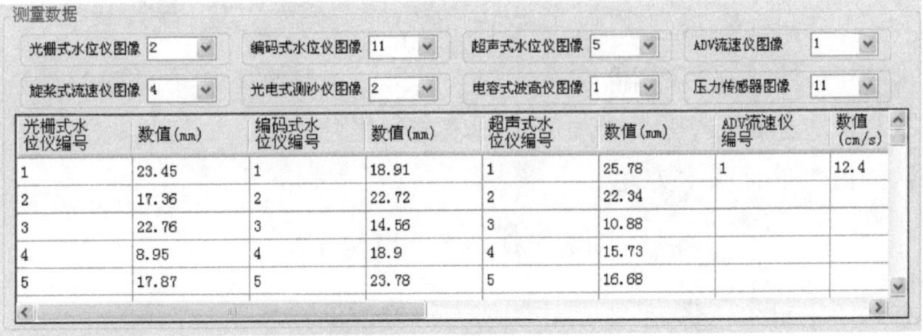

测量数据									
光栅式水位仪图像	2	编码式水位仪图像	11	超声式水位仪图像	5	ADV流速仪图像	1		
旋桨式流速仪图像	4	光电式测沙仪图像	2	电容式波高仪图像	1	压力传感器图像	11		

光栅式水位仪编号	数值(mm)	编码式水位仪编号	数值(mm)	超声式水位仪编号	数值(mm)	ADV流速仪编号	数值(cm/s)
1	23.45	1	18.91	1	25.78	1	12.4
2	17.36	2	22.72	2	22.34		
3	22.76	3	14.56	3	10.88		
4	8.95	4	18.9	4	15.73		
5	17.87	5	23.78	5	16.68		

图 3-18　系统自动采集界面

数据采集设计成模块化,每个仪器单独采集,实时汇总,相互不会产生影响,实时通过控制条件采集和保存各个仪器的数据,并且可以实时在线观察图像以判断是否达到控制要求,如图 3-19 所示。

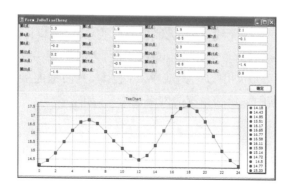

图 3-19 测量数据实时在线显示界面

3.2.3 关键技术

在大型河工模型的试验中,因为测量范围广,测量的点多,每个点实时测量的速率快,所以测量的数据量非常大。本项目提出一种基于小波滤波器组的数据压缩与重建技术,在采用多通道自适应无线传输技术的基础上,再对采集的数据进行压缩以减小无线模块需传输的数据量的大小。该方法主要包括下列步骤:

① 测量数据的小波分解。选择 bior3.7 小波构建多尺度分解滤波器组,并确定小波分解的层次为 2,每级滤波器组中包括 1 个低通滤波器组和 1 个高通滤波器组,形成四通道滤波器。

② 采集 64 个测量数据,并对采集的信号在两端进行信号延拓。

③ 利用滤波器组对波浪数据进行连续滤波和数据抽取处理,得到 $d1(k)$,$d2(k)$,$d3(k)$,$d4(k)$ 四组数据,每组 16 个点。

④ 小波分解后高频和低频系数的阈值量化。对第 1 和第 2 层的每一层高频系数和低频系数,选择 1 个阈值进行软阈值量化处理。

软阈值为估计噪声方差

$$\sigma_n^2 = median(\mid d(i) \mid)/0.674\,5 \tag{3-3}$$

对每层中每个子带,按下列软阈值方法修改滤波数据

$$y(i) = \begin{cases} \mathrm{sgn}(d(i)(\mid d(i) \mid - \sigma_n)) & \mid d(i) \mid > \sigma_n \\ 0 & \mid d(i) \mid \leqslant \sigma_n \end{cases} \tag{3-4}$$

⑤ 将量化后的变换系数按层顺序排列,进行 LZW 编码。

⑥ 数据的小波重构。接收传输的编码,对编码进行解码,通过 bior3.7 小波多尺度两层重构滤波器组恢复数据。

经数据压缩与重建技术处理后,采集的数据既消除了噪声,也大大地压缩了采集的数据所占的空间,提高了无线传输的速率。

3.3　智能生潮控制系统

3.3.1　概述

在模型中重演(或预演)与原型相似的水流现象以观测分析研究水流运动规律的手段,称为水(河)工模型试验,是实验水力学的主要内容。当原型水流由于各种原因不能直接进行量测,普遍的理论模式和简单概化的实验又不能反映复杂的水流情况时,就须制作专门的模型进行试验。19 世纪末开始了近代的有科学依据的模型试验,并在 20 世纪得到长足的发展和广泛的应用。

在模型中观察水流现象、量测水动力要素并按相似律推算引申,就可了解或预见原型水流的运动规律,据以修改河渠、管道、水工建筑物或水力机械的工程设计。进行模型试验,需有专门的试验设施,如循环系统、试验水槽、水洞、生波器、减压箱等,还要配置各种量测仪表以及记录和数据处理设备。

目前大型水(河)工模型试验领域普遍地采用计算机来实现控制系统,一般存在以下几种模式:单片机控制系统、PC 控制系统和工业控制机型(IPC)控制系统。单片机控制系统大多在 20 世纪 80 年代和 90 年代初期由研究机构和大学的试验仪器人员独自开发,具有系统费用相对低廉的优点,但是随着时间的推移,其稳定性和扩展性较差、与其他设备数据通信困难、软件操作界面不友好,对系统开发人员业务素质要求也较高。现在国内的水(河)工模型试验系统基本上基于 IPC,IPC 需要解决微型机与现场测量仪表、传感器、执行机构之间的信息传输问题。传统方式下,IPC 利用机内插装的 I/O 板及外部端子排与现场仪表装置联系。这些信息多以 4~20 mA 的 DC 模拟信号为主,辅以开关信号,IPC 与现场设备的联系越多,则连线也愈多,IPC 与现场设备之间的距离越远,布线也愈复杂。

大型河工模型智能测控系统是在传统的河工模型测控系统的基础上,利用现代通信及控制技术,结合现代化的科研项目管理理念,通过新的手段和方法进行重新开发和修改而成的。其中,新一代的控制总线、标准的数据库、接口标准化、远程智能控制系统、可视化的数据平台、标准化试验管理系统是大型河工模型智能测控系统的核心。

3.3.2 系统组成

大型潮汐河工模型,受上游径流及下游潮汐共同影响,都需要对它们进行控制,这对试验控制系统的稳定性和控制精度提出了很高的要求。大型河工模型测控系统总体架构内容涵盖水泵(包括混流泵、潜水泵、双向泵等)、尾门(包括翻板式、推拉式)、潮水箱、量水堰、平水塔、扭曲水道等控制设备的选型和布局,控制总线的设计和布局。

一般上边界采用流量控制,下边界采用潮位控制。上游径流控制的主要方式有量水堰+扭曲水道、双向泵等方式。下游潮汐需要生潮设备进行控制,其系统框图如图 3-20 所示,现在使用比较广泛的生潮设备有潮水箱式、翻板尾门式、双向泵式或组合式。

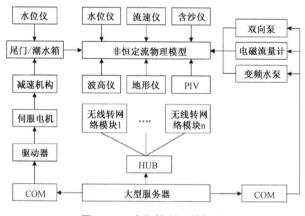

图 3-20 生潮控制系统框图

3.3.3 关键技术

(1)上游流量控制系统

上游流量控制系统由电磁流量计、电动调节阀和计算机组成。计算机自动控制时,将流量关系式代入,当两条管路实测的流量与试验给定的流量有偏差时,经计算机系统计算、调节,分别送出控制信号驱动两路电动调节阀,调节变化后的流量经电磁流量计再次反馈到计算机,再经调节控制,形成一个闭环自动控制系统,直至达到误差范围之内,如图 3-21 所示。

为了使流量控制精度在要求范围内,电磁流量计的量程选择非常重要,选择的标准是尽量使电磁流量计最小流量在量程的 30% 以上,因为电磁流量计在低量程工作中流量测量的精度误差较大。因此电磁流量计流量分配也应遵循这一原则。

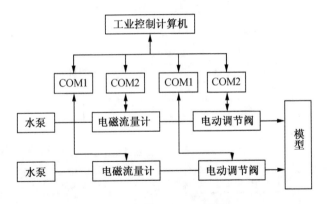

图 3-21　电磁流量计流量控制系统

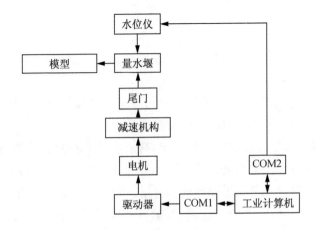

图 3-22　量水堰流量控制系统

　　将模型水库的水从平水塔（或直接从水泵）引入量水堰，用水位仪测量堰上水头换算出流量，堰口的一侧安装泄流尾门，计算机根据给定水位过程线（对应的堰上水头值）自动调节尾门开度，进而实现上游流量过程控制，如图 3-22 所示。

　　双向泵控制系统由电磁流量计、双向泵、触摸屏和 PLC 等组成。PLC 自动控制时，当电磁流量计实测的流量与试验给定的流量有偏差时，经 PLC 计算、调节，送出控制信号至变频器控制双向泵，调节变化后的流量经电磁流量计再次反馈到 PLC，再经调节控制，形成一个闭环自动控制系统，直至达到误差范围之内，如图 3-23 所示。本智能双向泵模块可以存储多个流量过程线，本控制单元可以自身独立控制，又可以由工业计算机远程控制，实现了本单元的智能化和模块化。传统的双向泵控制在模型上往往只是起到一个推流或在局部起改变流态的作用。通过双向泵和电磁流量计（双向测量）的巧妙应用，不仅使上

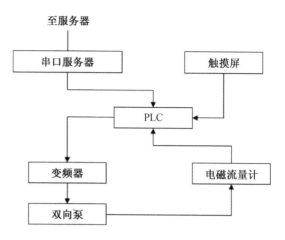

图 3-23　双向泵流量控制系统

游的扭曲水道减小，而且可使在断面上控制小流量的变化，提高了小流量的控制精度。

　　流量控制的关键是对各边界的流量过程进行同步控制。系统对流量过程的控制，采用双向回流变频调速泵生潮控制系统，由计算机进行不间断采集，并将采集值与预期的流量过程值进行比较，其差值经 PID 反馈控制运算，经过变频调速，改变了各有关边界处的流量。计算机不断反馈控制，各有关边界不断进行同步调节，做到充分逼近边界处的流量。潮汐模拟采用双向回流变频调速泵生潮控制系统，其最大特点是高效节能，双向回流泵将变频调速用于双向水流叶轮，避免了工频下全速运行造成的能量浪费，比用其他型式的水泵能取得更高的效率和节能效果。变频器调速范围宽泛，运行平稳，启动电流小，加之泵体及电机置于水下，设备运行无噪声污染，大大改善工作环境。利用双向回流泵的特性和采用变频调速控制技术，本模拟系统与其他生潮方式相比，具有操控方便以及更好的可靠性和高效节能。其原理是利用计算机与变频器间串口通信，应用标准工业控制总线(CAN)接口，通过 RS485 接口形成一种在线的数字控制方式，远程实时控制双向回流水泵变频调速运转，正反向调节模型的瞬时进、出水量模拟潮汐水位过程，达到模拟潮汐波的目的。

　　上游径流控制模块，由电磁流量计、双向泵、触摸屏和 PLC 组成(图 3-24)了三套控制单元。模块独立工作时由 PLC 进行控制。PLC 根据电磁流量计实测流量与试验给定的流量进行比较，经计算送出控制信号至变频器控制双向泵，使模型中的流量接近给定的流量，直至达到误差范围之内，形成一个闭环自动控制系统。该模块能存储多个流量过程线，可以自身独立控制，又可以通过网络通信由中心主控计算机进行远程控制,实现了本单元的智能化和模块化。

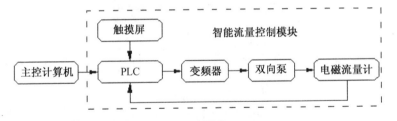

图 3-24　智能流量控制模块框图

流量过程采用下式控制:

$$p(t) = k_1 f(t) + k_2 \int_{t_0}^{t} e(t) \tag{3-5}$$

式中:$p(t)$ 为实时计算的双向泵变频器的给定频率;$f(t)$ 为给定流量;$e(t)$ 为控制过程中产生的误差;k_1 和 k_2 分别为给定流量和控制误差各自所占的权重。根据双向泵流量特性曲线可知 k_1 的取值范围为 $0.1 \sim 0.125$,根据模型控制要求最终确定 k_2 的取值范围为 $0.15 \sim 0.2$。

　　流量控制单元可以独立运行,不受其他控制单元干扰,又可以通过潮汐流量控制系统进行协调工作。流量较大时(大于 1 台双向泵的最大供给流量)可以自适应自动选择多台双向泵同时工作,潮汐流量控制系统已设定好参数。流量控制过程中最难的就是小流量控制,传统的控制方式导致的误差较大,鉴于双向泵流量在大于 80 m^3/h 时控制比较精确,因此本次设计对于小流量控制采用的是两台双向泵一进一出来控制小流量。

$$F(t) = f_1(t) + f_2(t) \ (f_1(t)f_2(t) < 0) \tag{3-6}$$

式中:$f_1(t)$ 和 $f_2(t)$ 分别为两台双向泵的流量。

　　(2) 尾门控制系统

　　尾门式生潮设备简单,是模型试验中普遍采用的生潮方式,其布置如图 3-25。试验过程中,尾门上部有水流下泄,通过调节尾门的位置来控制下泄水量的多少,从而在模型上形成需要的潮汐水流。尾门的长度和宽度主要根据口门处的河宽和潮汐大小的确定。为提高控制精度,避免尾门板对水流的反射,需满足堰上水头 $H > 0$,H 值可由堰流公式进行估算:

$$Q = m_0 B \sqrt{2g} H^{\frac{3}{2}} \tag{3-7}$$

式中:Q 为流量;m_0 为流量系数,根据经验公式计算;B 为宽度;H 为堰上水头。

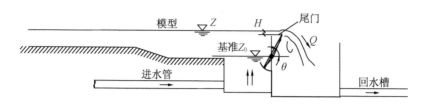

图 3-25 尾门布置示意图

在实际控制过程中,通过尾门的转动控制下泄流量 Q,达到堰上水头 H 变化的目的,从而实现涨落潮过程。水位的变化值 ΔH 与尾门的转角 θ 和转动臂 R 之间存在如下关系:

$$\Delta H = R[\sin(\theta + \Delta\theta) - \sin\theta] \tag{3-8}$$

式中:ΔH 为水位变化值;R 为转动臂,θ 为尾门转动前的角度,$\Delta\theta$ 为尾门转动的角度。

尾门控制生潮系统的关键是对各边界的水位过程进行同步控制,如图 3-26 所示。系统对水位过程的控制,主要是采用自动跟踪水位仪跟踪各边界处水面,由计算机进行不间断采集,并将采集值与预期的水位过程值进行比较,其差值经 PID 反馈控制运算,经过可逆调整装置,改变了各有关边界处的口门开度。计算机不断反馈控制,各有关边界不断进行同步调节,做到充分逼近边界处的水位。通过对各边界水位过程同步控制,达到较真实地模拟天然海域多边界非恒定流的目的。

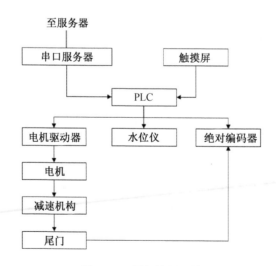

图 3-26 尾门控制系统

（3）潮水箱控制系统

潮水箱是主要生潮设备之一，其容积按有关规程，综合模型场地和试验要求进行估算，同时考虑一倍以上的富余。智能潮水箱潮汐控制系统由鼓风机、压力传感器、水位仪、2 台起泄流作用的电动阀门、触摸屏和 PLC 组成（图 3-27）。潮水箱控制模块工作时，水位的变化由水位仪采集之后传送给 PLC，再与给定的水位值进行比较，然后由 PLC 控制风机的变频器以调节鼓风机的进气量、控制排气阀的开度以及调节潮水箱的排气量。试验过程中，水量是平衡的，假定模型中和潮水箱中的总水量为 Q，模型中和潮水箱中的水量分别为 Q_1 和 Q_2，那么有 $Q = Q_1 + Q_2$。模型中的水位 h_1 与 Q_1 相关，箱体内水位 h_2 与 Q_2 相关。当模型水位 h_1 过高时，减小鼓风机的进气量或加大潮水箱排气量，箱内 Q_2 增加，箱体内 h_2 升高，反则反之，从而实现潮位过程的自动控制，如图 3-28 所示。

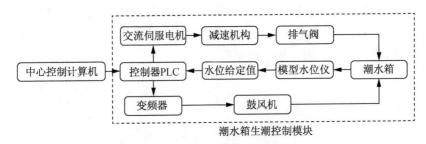

图 3-27　智能潮水箱控制布置示意图

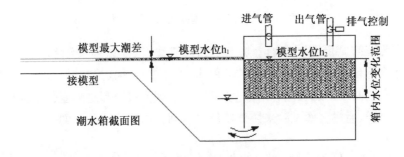

图 3-28　智能潮水箱截面示意图

在实际调试时，需要掌握风机进气量由最大到最小对应的压力关系曲线，在潮水箱内装有压力传感器以测定不同进气量时潮水箱内的气压力，还需要掌握电动阀门的开度对应水位过程的关系曲线，以及掌握这两个控制参量的相关性以达到精确控制潮位的目的。当远程控制时，由中心控制计算机通过串口服务器给 PLC 控制参数，实现控制鼓风机变频器以及电动阀门调节的功能。本控制单元可以自身独立控制，也可以由中心主控计算机远程控制，实现了本单元的智能化和模块化。

（4）智能自适应 PID 控制技术

智能自适应控制能够修正自己的特性以适应对象和扰动的动特性的变化，依靠不断采集控制过程中的水位值信息，确定被控仪器的当前实际工作状态，优化性能准则产生自适应控制规律，从而实时地调整控制器结构或参数，使系统始终自动地工作在最优或次最优的运行状态。

模型参考自适应控制系统的典型结构如图 3-29 所示。它主要由参考模型、可调系统和自适应机构组成，其中可调系统包括被控对象和可调控制器。控制过程中可调控制器通过反馈的水位值误差经过自适应运算来调节伺服电机的转速以达到可控误差范围之内，同时不断地把实时水位值进行分析并记忆到数据库。在不断的重复试验过程中，有时会产生一些非人为的误差，这时系统自动检测并通过自适应机构在数据库中查找之前分析好的数据，实时自动修改潮型模型的自适应参数已达到参考模型的控制曲线，试验过程中不断地优化模型控制，最终达到理想的控制模型。

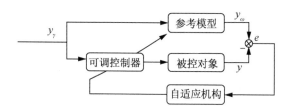

图 3-29 自适应控制系统的典型结构

在传统的 PID 算法基础上加上了超前算法，以前试验控制都是误差产生之后才进行计算，然后再反馈给控制单元，这样就会导致控制滞后，此次引进的是加上潮位曲线上的涨潮和落潮趋势变化率，潮位误差和趋势变化率各自占的权重不一样，通过多次试验来协调比例以达到自适应控制的目的。

$$Round(t) = P(k_1 e_1(t) + k_2 e_2(t)) + \frac{1}{T_1}\int_{t_0}^{t} e_1(t)\mathrm{d}t + T_2 \frac{\mathrm{d}e_1(t)}{\mathrm{d}t} \quad (3\text{-}9)$$

其中：$Round(t)$ 为实时计算的控制电机驱动器的驱动转速；P 为比例系数；T_1 积分时间常数；T_2 微分时间常数；$e_1(t)$ 为试验实时产生的误差；$e_2(t)$ 为涨潮或落潮趋势变化率；k_1 和 k_2 分别为潮位误差和趋势变化率各自所占的权重，根据实验结果分析 k_1 和 k_2 比值为 $1:2$ 时最有效。

通过超前算法，可以控制误差很小的范围内，图 3-30 为模型试验中实际的控制过程。蓝色曲线为给定的控制过程线，红色曲线为潮汐控制系统实际生成

的潮位过程线。控制误差

$$\Delta h_i = 10 \times (h_i' - h_i) \tag{3-10}$$

式中：Δh_i 为 i 时刻的控制误差，mm；i 为控制时刻，s；h_i' 为 i 时刻实测潮位，cm；h_i 为 i 时刻给定潮位，cm。

控制误差 Δh_i 如图 3-30(b)。由图可见，控制偏差一般均在 ± 0.3 mm 内，局部时刻的最大误差 ± 0.5 mm，但持续时间一般不超过 3 s，表明潮汐控制系统的精度较高。

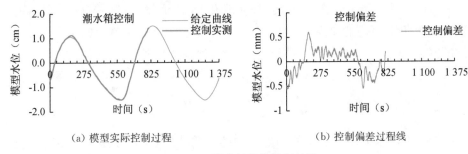

(a) 模型实际控制过程　　　　　　　　(b) 控制偏差过程线

图 3-30　潮水箱潮汐控制效果

生潮控制系统完成后，根据天然实测资料对模型进行率定和验证。图 3-31 为模型重复性精度验证、潮位过程线验证和流速过程线验证。

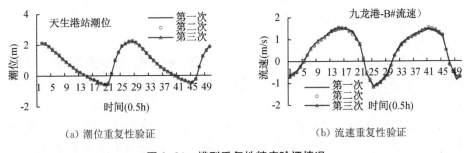

(a) 潮位重复性验证　　　　　　　　(b) 流速重复性验证

图 3-31　模型重复性精度验证情况

3.4　移动加沙控制系统

3.4.1　概述

在河工模型试验中，为了准确模拟河流水流泥沙运动的过程，保证试验结果的正确性和可靠性，希望能按试验要求的时间进程，实时对模型的流量、含沙量和水位进行调控,并确保这些参量的准确性和稳定性,河工泥沙模型试验需要控制模型进口流量及其含沙量(包括含沙颗粒级配),为控制其含沙量,要向进入模型的水体中加入一定量的模型沙。

长期以来,试验中对河道加沙通常的方法是:在河道上、下游潮流进出段各设一加沙断面,然后,根据河道输沙的变化情况,估算模型的加沙量和加沙速率,采用传统的人工加沙。这种方法不仅耗费较多的人力、物力,而且受人为因素的影响,加沙量不均匀、精度较低,特别是连续试验周期较长的悬沙试验,试验的精度更受影响。

目前国内在河工试验中主要还是采用人工加沙的方式,随着自动化技术的发展,自动化程度高的加沙系统也应运而生,但是这些加沙系统大都是在需要加沙的模型旁边建一个固定的加沙池,且单个加沙系统只能为单一模型加沙,灵活性较差,因此最新本项目团队研制了可移动的加沙系统以适应不同模型的要求。

3.4.2　系统组成

根据潮汐水流泥沙运动和物理模型的试验特点,该加沙系统满足加沙量大,加沙变幅大和含沙量变化快的要求,设计时遵循如下原则:

① 保证加沙量大及其变幅范围要求。加沙断面控制的范围越大,模型越大,对加沙系统的加沙能力就要求越大。通过计算,对输沙管道和控制设备的合理选型,可使加沙系统完全达到试验加沙的要求。

② 为保证加沙控制精度,采用变频器控制加沙水泵转速,从而控制水泵的浑水出流量,最终控制断面加沙量的过程。

整个加沙系统主要由可移动清水容器、可移动标准含沙量搅拌容器、可移动高含沙量搅拌容器(包括液面自动控制系统)、液面传感器、变频器、单向稳压阀、增压泵、输出管道和工控机组成,如图 3-32 所示。

可移动清水容器、可移动标准含沙量搅拌容器、可移动高含沙量搅拌容器装有滚动支架,便于移动,移置方便,可适应不同的大厅、不同的模型和不同的加沙位置变化,容器内装有液面传感器,由 PLC 检测进而可控制电磁阀、变频器、排污泵。可移动标准含沙量容器液面较低时,变频排污泵 1 和变频排污泵 3 同时控制(出流量大小由 PLC 根据含沙量探头计算而得),当液面达到设定高度,两泵同时停止,不再进流,这样可使可移动标准含沙量容器的液面基本保持一致,从而使出流流量控制精度高。出流采用变频泵 3 和变频泵 4 组合启动控制出流流量,两台泵的控制由 PLC 通过加沙控制断面含沙量探头变化来控制。

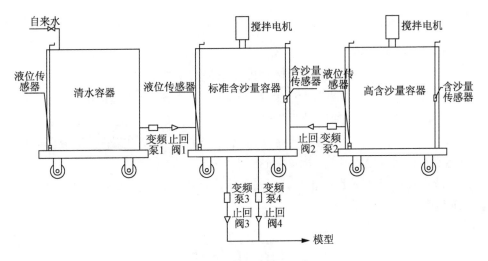

图 3-32 加沙系统结构示意图

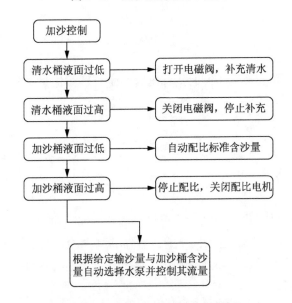

图 3-33 可移动加沙系统控制流程图

  加沙系统三个容器均装有液位传感器,当清水容器低于一定数值时,自来水电磁阀打开,自动补充水如图 3-33 所示。加沙容器中预先人工配好的高浓度的水沙混合物,通过两台排污泵将清水容器和高含沙容器中液体按一定比例配比到标准容器中,在通过螺杆泵和自吸泵按一定的组合加入模型断面上。

3.4.3　关键技术

（1）自动配比

在模型试验前，根据模型具体加沙要求配好标准含沙量容器的含沙量为 $d_{标}$，配好高含沙量容器的含沙量为 $d_{高}$，$d_{标}$ 与 $d_{高}$ 由含沙量传感器测量得到，应根据各模型加沙时长、加沙量等具体情况设定 $d_{标}$ 和 $d_{高}$。液位传感器实时监控清水容器液面，当液面过低时，启动清水补充程序，打开电磁阀，当液面超过预定值时关闭电磁阀，停止清水补充。

清水容器变频泵 1 流量为 $Q_{清}$，高含沙量容器变频泵 2 流量为 $Q_{浑}$，时间为 t，理想中

$$d_{标} = \frac{d_{高} \cdot Q_{浑} \cdot t}{Q_{清} \cdot t + Q_{浑} \cdot t} \tag{3-11}$$

化简得：

$$d_{标} = \frac{d_{高} \cdot Q_{浑}}{Q_{清} + Q_{浑}} \tag{3-12}$$

即变频泵 2 和变频泵 1 同时给标准含沙量容器供流量，又要使标准含沙量容器含沙量符合公式。

由式(3-12)得：

$$d_{标} = (Q_{清} + Q_{浑}) = d_{高} \cdot Q_{浑} \quad d_{标} \cdot Q_{清} = d_{高} Q_{浑} - d_{标} Q_{浑}$$

$$Q_{清} = \left(\frac{d_{高} - d_{标}}{d_{标}} \right) \cdot Q_{浑}$$

即可控制清水容器变频泵 1 的流量是高含沙量容器变频泵 2 流量的 $(d_{高} - d_{标})/d_{标}$ 倍。实际控制过程由于清水容器和高含沙量容器液面不同，变频泵进出水端压力差不同，同样的变频信号，流量有可能不同，软件上应根据实测含沙量而加以修正。

因为高含沙容器内含沙量较高，普通的水泵容易造成淤积。为此选择连成WL 系列立式排污泵，该系列排污泵具有高效节能、功率曲线平坦、无堵塞、防缠绕、性能好等特点。该系列泵叶轮采用单（双）大流道叶轮，或双叶片、三叶片叶轮，独特的叶轮结构，使其具有非常好的过流性，配以合理的蜗室，使泵具有高效率，并能顺利地输送含大颗粒固体、食品塑料袋等长纤维或含其他悬浮物的液体。能抽送的最大固体颗粒直径为 $80 \sim 250$ mm，纤维长度为 $300 \sim 1\,500$ mm。

（2）自动加沙

加沙控制由 1 台螺杆泵和 1 台自吸排污泵组成，可以根据需要合理分配各台泵的加沙流量。值得注意的是螺杆泵通过变频调速可以在低速段工作，但是螺杆泵变频调速在低速时的启动效果不好。因此，通常应避免螺杆泵在额定功率的 10％以下的情况工作启动。

当流量较小时只启用螺杆泵对模型进行加沙，实际使用证明，由于螺杆泵可以快速、准确地调节加沙流量，同时螺杆泵采用变频调速控制，使得转速控制数字化，所以系统改造后，含沙量的控制精度和控制速度及自动化控制程度都有很大程度的提高。

当流量较大时启用自吸排污泵对模型进行加沙，罐内的含沙水体搅拌均匀后，通过自吸式排污泵，经流量计和出水阀门供给试验模型。实验过程中，流量计可实时测量沙水的流出速率，并将采集信号传送给 PLC 控制器，PLC 与试验预设的流量进行对比，来控制自吸排污泵的转速，改变出水流量。测沙仪与流量计采集的数据可在控制柜显示屏体现出来。

移动式加沙系统主要由可移动的加沙桶、可移动的泵台和智能电气控制柜构成。该加沙系统能够自动配比加沙桶的浓度，实时输出预定的输沙量，并且能够方便地进行拆卸与组装。

移动式加沙系统的加沙桶由不锈钢材料制成，分为清水桶、标准桶和高含沙桶。加沙桶直径 1.2 m，高 1.2 m，如图 3-34 所示。加沙桶固定在装有 4 个轮子的可移动平台上，桶与桶、桶与泵台之间的管道连接均为活动连接，方便拆卸和组装。

图 3-34　加沙桶

图 3-35　可移动泵台

可移动加沙系统的可移动泵台上装有 4 台泵，分别是 2 台 2.2 kW 的螺杆泵和 2 台 5.5 kW 的自吸式排污泵,如图 3-35 所示。2 台自吸式排污泵分别配有流量计对输出流量实时检测。螺杆泵的流量与变频器的输出频率之间具有良好的线性关系,加沙系统使用前,先对螺杆泵进行率定,率定之后就能得到较为准确的流量/频率曲线,从而能够实时精准的控制流量。

加沙系统的智能电气控制柜主要由变频器、可编程控制器、触摸屏和其他电气元件构成。该控制柜不仅能够实时监控加沙系统的各项指标,如加沙桶的水位、自吸排污泵的流量以及变频器的运行状态等,还能实时控制各项功能,如搅拌电机的启停、泵的启停及调速。该控制柜还具有远程通信功能,操作人员既可以在现场对加沙系统进行操作,也可以在控制室对加沙系统进行操作与监控。

加沙系统基于模块化设计的理念,所有的部件都可以方便的拆卸与组装。特别是电气部分采用插拔式设计。加沙系统智能化程度较高,在自动控制模式下只需要专业人员设置好相关参数,操作人员只需要按下开始按钮,就能自动进行配沙与输沙的过程,并且精度较高。

可移动加沙系统实现了模型试验的全程自动控制,有效提高了试验效率和试验的精度。同时,由于该可移动加沙系统采用了变频调速的方式进行调节,最大限度地减小了试验中的能耗和设备的磨损。该可移动加沙系统可以方便地在各个需要加沙的模型间移动,提高了其利用率。

/第 4 章/　　试验分析管理系统

4.1　概述

试验分析管理系统主要包括：建立在线科研分析模块，实现试验数据的多窗口实时显示，各类数据的实时查询、历史试验过程的复演、相关数据的叠加、试验预定数据的可视化编辑、试验数据的合理性自动分析、试验数据与加载数据的多层叠加和可视化编辑等；建立协同研究分析模块，实现基于即时信息，即时数据的协同机制，任务传递畅通，支持任务转发功能，提供任务在线反馈和即时沟通，支持附件上传，设置附件访问权限，试验数据的实时共享，基于 Web 的远程视频、远程电子白板讨论系统等；建立任务管理模块，能大幅度地提高工作效率；建立试验管理模块，包括试验的日志管理、试验故障和错误记录管理、故障维修管理、试验人员记录管理等。

依据以上目标，试验分析管理系统主要目标如下：

① 建立综合的时空数据库，对历史积累的各种数据，包括文本文件、CAD 数据、卫星影像及视频进行内容分析与整合，构建逻辑一致、标准统一、访问高效的时空数据库。数据库按照类型、专题、时间进行数据组织，可以支持相关数据的分类存储、快速检索、变更告知和制图输出，进行各类数据的实时查询、历史试验过程的复演、相关数据的叠加。

② 建立协同研究分析模块，对物理模型试验数据进行即时分析处理。系统对物理模型试验中的数据进行实时采集入库，对模型各种实测数据，如流速、流向、含沙量、潮位等数据，进行各种对比分析和统计，主要包括：潮位极值、平均值统计；横比降、纵比降统计；涨落潮最大流速、平均流速统计；涨落潮历时统计；涨落潮流量统计、平均流量统计，涨落潮总量统计；汊道分流比统计以及河段大范围和局部流场、含沙量场、河床演变动态展示，以达到直观反映航道整治工程实施前后流场、河床地形以及河床特征信息变化的目的。

③ 建立试验管理模块。设置附件访问权限，试验数据的实时共享；基于 Web 的远程视频、远程电子白板讨论系统等。大幅度地提高工作效率；建立试

验日志,进行试验故障、错误记录管理,故障维修管理,试验人员记录管理等。

④ 通过建设该系统,改变现有大量业务数据、模拟结果、分析成果以项目为单位分散管理、数据缺乏统一标准的状况,建立资料管理与共享机制,提高资料的利用率。结合地理信息系统强大的空间分析与可视化表达技术,建立基于地理信息技术的水文综合信息管理与分析平台。

4.2 系统组成

系统平台的总体架构由应用架构、数据架构、技术架构、物理架构、安全架构和应用集成等部分组成,如图4-1所示。各组成部分既独立地支撑系统化平台的某个部分,又相互之间协调配合,整体构成系统化平台体系架构。

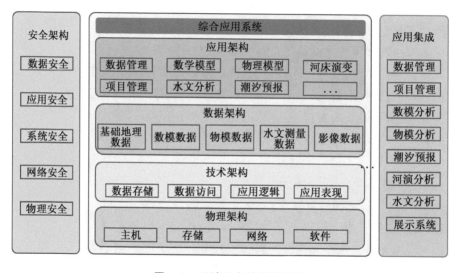

图 4-1 系统平台的总体架构

4.3 关键技术

4.3.1 试验分析显示系统

（1）模型试验数据管理系统

模型试验数据管理系统首先建立一个综合的黄金水道时空数据库。对南京水利科学研究院历史积累的各种数据,包括文本文件、CAD数据、卫星影像及视频进行内容分析与整合,构建逻辑一致、标准统一、访问高效的数据时空数据库。数据库按照类型、专题、时间进行数据组织,可以支撑相关数据的分类存储、快速检索、变更告知和制图输出,进行各类数据的实时查询、历史试验过程的复演、相关数据的叠加。

数据管理系统主要有数据管理、数据处理、数据转换、数据上传、数据下载、数据检索和数据登录等功能。

(2)模型试验数据分析系统

主要针对物理模型试验数据(如流速、流向、含沙量、流量及输沙率、悬移质颗分、底质颗分以及潮位等数据),进行诸如潮位极值、平均值统计(如图 4-2 所示);横比降、纵比降统计;涨落潮最大流速、平均流速统计,涨落潮历时统计;涨落潮流量统计、平均流量统计,涨落潮总量统计;汊道分流比统计等各种对比分析和统计。

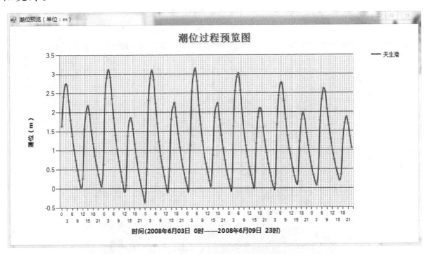

图 4-2　潮位分析预览图

另外,对流场数据进行可视化指的是根据现有流场数据,将流场数据转换成图形或图像在屏幕上显示出来。主要分为显示流场动画、显示动态流场动画(如图 4-3 所示)、显示定点动画和显示流迹线动画(如图 4-4 所示)。

4.3.2　试验过程管理系统

试验过程管理系统包括人事管理模块、任务管理模块、文档管理模块、数据管理模块、试验分析中心模块、日志管理模块、设备管理模块、协同科研模块和耗材管理模块。

① 人事管理模块包括:基本档案、出勤管理、加班管理、绩效管理;

② 任务管理模块包括:任务初始化、任务进度图、任务编辑;

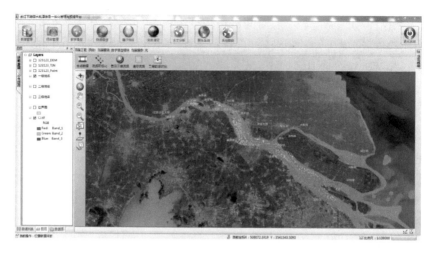

图 4-3　动态流场动画

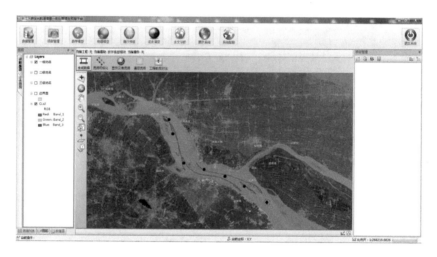

图 4-4　流迹线动画

③ 文档管理模块包括:文档信息管理、文档类型管理、文档上传管理、文档下载管理;

④ 数据管理模块包括:数据信息管理、数据显示处理;

⑤ 试验分析中心模块包括:试验数据的查看、试验数据的分析;

⑥ 日志管理模块包括:个人日志管理、系统日志管理、操作日志管理;

⑦ 设备管理模块包括:试验设备的添加、试验设备信息的查看;

⑧ 协同科研模块包括:文件流转、电子白板、即时通信、视频会议、远程桌面监控、通知管理;

⑨ 控制系统模块包括:方案和参数新建、修改,方案加载、试验控制。

　　任务管理,主要是针对项目的总体安排进行项目进程的管理。根据河工模型项目的特点,项目过程主要分为项目的前期准备阶段、模型制作阶段、模型验证阶段、定床试验阶段、动床试验阶段以及成果验收阶段。模块以 Gantt 图的方式可视地显示项目预定时间与实际完成时间的比较,给项目负责人、参与人员以及科研管理人员提供参考,对于滞后项目在状态窗口有提示。模块还包括项目的完成人员,与人员管理的绩效管理接口。模块包括设计任务初始化、任务编辑等界面。

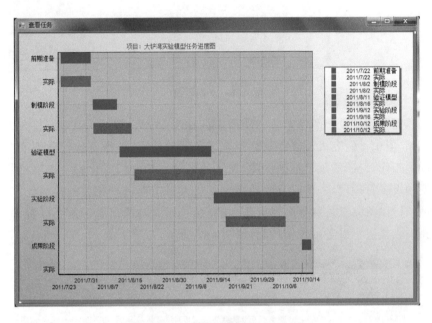

图 4-5　正在进行任务的 Gantt 图

　　图 4-5 为一项正在进行任务的 Gantt 图,其中蓝色为计划的任务进度,红色为实际进行的任务进度,如果某阶段任务超期将会有相应的提示。

　　文档管理,主要是根据 ISO9001 质量管理体系的要求,对项目全过程的相关文档定期归档、有序保存。据此,我们设计了文档管理模块(如图 4-6 所示),对项目的前期阶段文档、研究阶段文档、成果阶段文档以及其他文档进行数字化存档,将所有文档进行电子化处理,分类上传至服务器并记录上传时间和上传者以及相关的日志信息;可以下载文件到本地主机上进行查看;如果拥有足够的权限还可以删除服务器中的文档。该模块对项目的所有文档进行了规范化的保存,基本满足 ISO9001 质量管理体系的需求。

　　设备管理模块,主要是根据 ISO9001 质量管理体系以及科研管理的需求。由于河工模型基本都有大量的量测仪器设备,根据质量管理的要求,所有的量

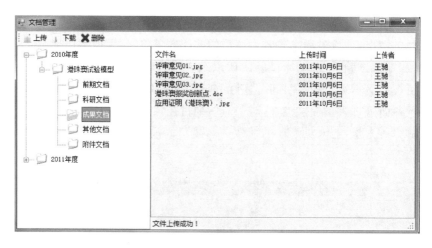

图 4-6　文档管理

测仪器需要经过校验和率定才能使用,而且相当一部分仪器是通过自检方式进行校验,但由于研究人员往往忽略或忘记仪器的检定,使得部分仪器不能在有效期内工作,科研质量得不到保障,也无法通过质检部门的检验。本项目团队开发的设备管理模块,可以有效地提醒科研人员定期进行相关的检验工作,对超期未检设备以红色背景醒目标记,并在系统启动时弹出警告框予以警告,提醒相关人员进行设备的定期检测,如图 4-7 所示。

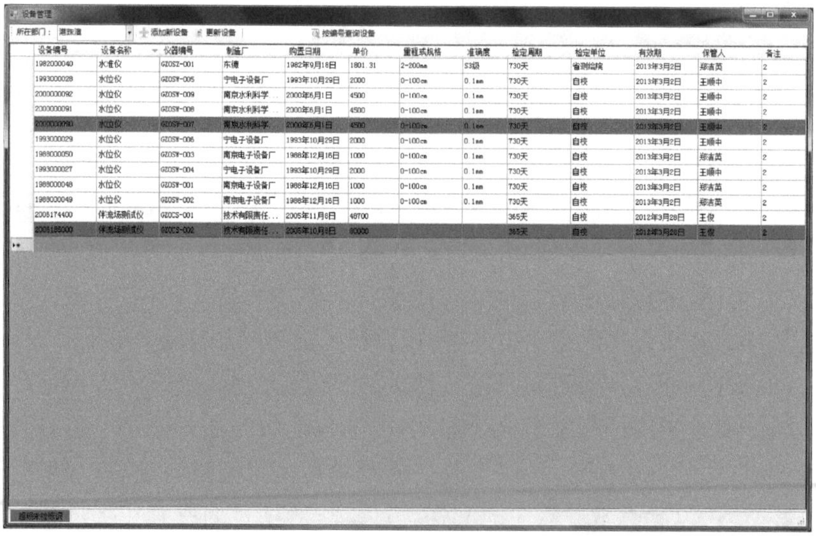

图 4-7　设备管理

/第5章/　仪器检测方法

近年来,随着大型河工模型试验测控技术的不断提高,测量仪器及控制系统快速更新换代,对新仪器、新系统的精度及可靠性等进行检测,是保证试验成果质量的关键手段。本部分内容主要介绍模型试验中水沙关键量测仪器及控制系统的检测装置及检测方法。

5.1　流速仪检测

5.1.1　概述

流速仪率定水槽行车是专用于转子式流速仪检定的设备,在转子式流速仪率定过程中,对车速的精度及稳定性都有很高的要求。然而,在实际运行中发现,率定车低速时的车速稳定性相对较差,直接影响到转子式流速仪率定的准确性。因此,提高调速系统在低速时的性能,成为流速仪率定车调速系统设计中的主要难题。

5.1.2　检测率定平台

该平台配有技术先进、机电自动化程度较高的流速仪率定水槽(如图5-1所示),专业用于水工模型和天然原型流速的仪器参数对比校验和率测标定。设备形式采用了钢化玻璃+钢架件+混凝土结构组配定型。其具体尺寸如下:

① 水槽几何尺度:全长 L:30.0 m,宽 B:1.0 m,高 H:1.0 m;

② 试验允许最高水深≤80.0 cm;

③ 试验最低水位≥6.0 cm(假定流速传感器测头直径:ϕ1.0 cm)。

图5-1　流速仪率定水槽

图 5-2 伺服小车三轴示意图

图 5-3 伺服小车在率定水槽上的位置

图 5-4 伺服小车操作 10 寸触摸屏/PLC 程控器/驱动器

安装在率定水槽上的伺服小车示意图如图 5-2 所示,安装位置如图 5-3 所示,操作及控制系统如图 5-4 所示。

小车运行过程为:静止—加速起动—匀速运行—减速刹车—停驶。

① 伺服小车沿水槽 X 轴(长度方向)行程最大距离≤2 560 cm;小车正、反向行驶最小距离 1 mm,小车正、反向行驶可设定;行驶最大距离为 25 500 mm(自起点光电探头起算)。

②小车直线行驶速度范围为 0.5～150 cm/s,可任意设定前进/后退车速。

③小车前进/后退车速基本一致,正反伺服误差≤±0.7%。

④小车起动响应能力:1.0 ms。小车由静止加速后至匀速历时/匀速至减速停止历时 200～2 000 ms(受设定车速制约且设定车速越高,静止至匀速历时占比越长。

⑤ 小车承载重量≤200 kg;小车运行(三轴)晃动量≤1.5 mm。

5.1.3 检测率定方法

(1) 检测前准备

连接 ADV 与计算机,运行数据采集软件,ADV 自检,设置参数,预热 10 min。

(2) 二维 ADV 流速检测

① 将二维 ADV 安装于检定车上,测杆垂直于测速水面,探头入水 0.2 m,固定 ADV。

② 每次检测前,静水槽内水体应处于相对静止状态。

③ 设定检定车一定的速度,在检定车匀速行驶时段方可开始检测。

④ 1.50 m/s 及以下每个速度点测量时长不少于 20 s,1.50 m/s 以上每个速度点测量时长不少于 10 s。计算 ADV 测速 $V_{测}$ 和检定车平均车速 $V_{车}$。

⑤ 计算二维 ADV 测速相对误差:

$$\xi = \frac{|V_{测} - V_{车}|}{V_{车}} \times 100\% \tag{5-1}$$

⑥ 在保证测杆垂直于测速水面的情况下,调整 ADV 安装方向与第一次不同,重复步骤②～⑤。

5.2 表面流场测量系统检测

5.2.1 概述

用计算机生成随机粒子图像(粒子大小与分布可调),固定在旋转平台上,以恒定的角速度 ω 旋转,模拟模型试验中表面流场的粒子运动。

由于旋转平台上的粒子是由计算机精确生成的,因此其在平台的坐标位置可以精确测定。将表面流场测量系统摄像机拍摄的平台中心与旋转平台中心对应标定,旋转平台上任意位置的速度大小可通过 $v = \omega \times r$ 确定,速度方向为该点的切线方向。选取平台上的 3 个粒子 A、B、C,分别量取这 3 个粒子到中心点的距离 R,得出这 3 个粒子的速度 V。将表面流场测量系统测得的这 3 个点的速度 V' 与旋转平台线速度 V 进行对比,计算出误差。

5.2.2 检测装置

(1)高精度电动圆形旋转平台

圆形旋转平台为直径 1 m 的光滑平整铝制转盘(如图 5-5 所示),采用 400 W 伺服电机控制,最大转速可达 200 °/s。经计量检定,旋转平台满足测试需要。

(2)激光测距仪

PD 30 型手持式激光测距仪,量程 0.05~200 m,误差为±1.5 mm,满足测试需要。

图 5-5　表面流场测量系统检测装置

5.2.3　检测方法

（1）表面流场测量精度检测

① 将计算机生成的粒子图像打印后贴到平台表面,注意将图像中心位置与平台中心位置对齐,并确保平整光滑;

② 检查旋转平台线路连接是否正确,确保工作正常;

③ 检查表面流场系统中线路连接是否正确、摄像机成像是否清晰,确保图像采集系统正常工作;

④ 通过系统标定软件,按照标准流程,完成摄像机的标定工作;

⑤ 将旋转平台放在拍摄图像中心位置,分别设置其旋转速度为3 °/s、6 °/s、10 °/s、15 °/s、18 °/s、20 °/s、30 °/s,在平台平稳运行过程中使用表面流场系统进行测量,保存测量数据;

⑥ 对表面流场系统测量数据进行整理,与旋转平台精确值进行对比,进行误差分析。

（2）图像畸变检测

将表面流场测量系统摄像机架设好,标准棋盘纸放入试验场中,通过流场测量系统分别算出单个棋盘格和 3 个棋盘格对角线方向上像素数 L_1、L_2,由于每个棋盘格均为标准正方形,长度完全一致,故可算出畸变度:$Q = |(1 - L_2/L_1/3)| \times 100$。

具体步骤:

① 架设好表面流场系统,检查线路连接是否正确、摄像机成像是否清晰,确保图像采集系统正常工作;

② 通过系统标定软件,按照标准流程,完成摄像机的标定工作;

③ 将 8 张标准棋盘纸分别放在试验场的 4 个边角(各 1 张)和中心位置(4张),待稳定后使用表面流场系统进行测量,保存测量数据;

④ 对表面流场系统测量数据进行整理,算出畸变度。

5.3　水位仪检测

5.3.1　概述

目前国内外跟踪式水位仪检测平台并无明文规范,本项目搭建的跟踪式水位仪检测平台参照国家标准《水位测量仪器通用技术条件》(GB/T27993—2011)与行业标准《水工与河工模型常用仪器校验方法》(GBSL233—2016)要求建立,水位试验台及高分辨率测试仪表与被测水位测量仪器高一个数量级。

使用标准水平仪调整总机座以保证电移台垂直的前提下,进而调整支撑水位仪的光学平板使其处于水平状态。通过高动态精密机器人用伺服电机拖动预紧式滚珠丝杠,带动载有透明量水杯的光学平台沿电移台产生垂直线性位移,同时通过有标准计量合格的光栅尺(分辨率 1 um)同步测量该位移信号。

以光栅尺所测量的位移值为标准给定值,通过控制模块和数字信号处理(DSP)模块进行 PID 运算,使高动态精密机器人用伺服电机在位置控制模式下自适应得到与光栅尺绝对一致的工作脉冲,该脉冲由与电机同轴的线性编码器(分辨率 10 000 PUL/r)反馈给电机驱动器实现闭环控制。以此获得水位增幅、回差,线性跟踪速度等方面的参数,再通过同步时钟(1 ms 精度)同时采集测试台和水位仪的相关参数,生成并行数据,对这两类数据进行数理分析。

5.3.2 检测平台

该系统由高精密垂直光学电移台、光学可调平板、光栅尺、高动态精密机器人用伺服电机系统、控制模块、通信模块、数字信号处理(DSP)模块等组成。

测试平台总高 1.1 m,宽 300 mm,有效行程 800 mm。平台运动速度 0~3 cm/s(可调)。光栅尺长度为 500 mm,精度为 1 um。采用量值比对方法,从距离和时间两个基本物理量纲参量,用高数量级的检测装置,来溯源测试平台的可行度。

本项目研制的水位仪静态性能参数测试平台系统主要针对物理模型试验中的水位测量仪器,水位测量范围设定为 0~0.4 m,分辨率为 0.01 mm,该测量范围也能满足大多数物理模型试验流速测量的要求。

5.3.3 检测方法

(1) 最大跟踪速度检测

① 将水位仪与测试台固定好,并接上电源,按上升键抬高量杯,使杯中水位上升,进而使水位仪探针连续向上运动,用计算机时钟测量其运动 10 cm 以上的时间,自动计算出探针上行的最大跟踪速度。

② 按下降键降低量杯,使杯中水位下降,进而使水位仪探针连续向下运动,用计算机时钟测量其运动 10 cm 以上的时间,自动计算出探针下行的最大跟踪速度。

注:探针运动的距离可从水位仪数字显示器读得,亦可以水位仪性能参数测试平台读得。

（2）灵敏阈校验

① 将 1 个具有恒定水位的量杯置于水位仪性能参数测试平台上，随机运动到水位仪量程内的任一位置，使其探针的针尖正好置于恒定水位的水面上，保持平衡状态。

② 用水位仪性能参数测试平台的寸动功能升降位移平台，同时用水位仪测读恒定水面的相应水位。当升降位移平台每平稳地升降 0.1 mm 时，水位仪读数亦应相应变化，其读数之差应符合 SL233—2016 的第 4.2.2 条规定。升降位移平台升降时，应保持量杯水面不晃动。每个量程的测读点应不少于 5 个。

（3）示值允许偏差校验

① 将水位仪性能参数测试平台的升降位移平台上升（或下降）一个高度，用水位仪测读水位，同时测读水位仪性能参数测试平台的相应位移值，其测得的位移之差值应符合 SL233—2016 的第 4.2.3 条规定。

② 重复以上步骤进行检测，测点数应不少于 5 个。

（4）重复性误差校验

① 将水位仪固定好，使传感器探针正好置于量杯的水面平衡位置上，测量并记录量杯的静止水位。

② 用仪器面板上的复位按钮，使探针上升离开水面，然后松开按钮，使探针下落，再次测量静止水位。如此重复 3 次，每次测得水位读数误差应符合 SL 233—2016 第 4.2.4 条规定。

（5）稳定度校验

① 将水位仪固定好，在容器中安置一恒定静水位，测量并记录其水位值。

② 每隔 30～40 min 左右测读水位一次，测定总时间应不少于 4 h，测点应不少于 5～6 个。各时间测得的水位值变化的允许误差应符合 SL 233—2016 的第 4.2.5 条规定。

5.4 地形仪检测

5.4.1 概述

地形仪的外观质量通过目测方法，检查设备是否符合要求。工作环境依据《水文仪器基本环境试验条件及方法》(GB/T 9359—2016)，对受检设备传感器部分进行测试。功能检测按照受检设备常规运行方式正常工作，根据任务书或产品使用说明，逐条进行功能验证。地形测量精度检测则是通过仪器测量输出值与水位测针所测标准值进行比对,计算基本误差,验证是否符合项目任务书指标要求。X 轴行程精度检测是通过仪器 X 轴行程输出值与游标卡尺所测标准值进行比对,计算基本误差,验证是否符合项目任务书指标要求。

5.4.2 检测装置

① SCM60 型水位测针(测量范围 0~60 cm、分辨率 0.01 cm、测量误差≤0.27 mm);

② 9225 游标卡尺(量程 0~1 000 mm、分辨率 0.02 mm、精度优于±60 μm);

③ 人工模拟河底(阶梯式、斜坡式);

④ 模型沙(黄沙、黑沙、塑料沙)。

图 5-6　干地形检测　　　　　　图 5-7　水下地形检测

5.4.3 检测方法

(1) 外观质量

通过目测观察,受检设备外表是否清洁无污物,表面的涂镀层是否均匀牢固,有无划伤锈蚀等缺陷,支架是否固定牢固,设备运行期间能否水平、稳定。

(2) 工作环境

依据《水文仪器基本环境试验条件及方法》(GB/T 9359—2001),使受检设备传感器部分(激光、超声波)在 0 ℃、40 ℃、湿度 95%(40 ℃时)3 种环境温度条件下各保持 4 h,检查传感器能否正常工作。

(3) 功能检测

运行受检设备,检查受检设备以下各项功能是否正常:

① 平面定位机构:机构回零、定点停止;

② 控制与数据采集系统:设置行程、设置运行速度、控制运行/停止、数据显示、曲线生成、数据导出/存储。

（4）地形测量精度检测

① 水上地形测量：将受检设备在人工模拟河底（斜坡式）上运行，设置受检设备的标高度，得到受检设备的初始显示值 H_0（一般为 0），用水位测针测量基点 M 到人工模拟河底起始高程 P_0 的距离 S_0，作为初始基值。

② 运行受检仪器 X 轴电机，让受检仪器用于地形测量的激光传感器（或超声波传感器）正常工作，待传感器到达第一个河底高程 P_1 时停止，记录受检设备的显示值 H_1，同时用水位测针测量基点 M 到人工模拟河底起始高程 P_1 的距离 S_1。

③ 继续运行受检仪器 X 轴电机，待传感器到达下一个河底高程 P_2 时停止，记录受检设备的显示值 H_2，同时用水位测针测量基点 M 到人工模拟河底起始高程 P_2 的距离 S_2，以此类推，在受检仪器 X 轴运行 1 个行程内，测量并记录不同河底高程时的 H 值和 S 值。

④ 在人工模拟河底上分别敷设 3 种模型沙分别进行试验，每种模型沙状态下全程不少于 30 个测量点，重复本节①—③的步骤一次，并将以上数据记录在记录表中。

⑤ 水下地形测量：人工模拟河底（阶梯式）环境下，运行受检设备，将受检设备所测高程值与水位测针测量值进行比对，全程测量点不少于 20 个，测试步骤同本节①—③的步骤各 1 次，并将以上数据记录在记录表中。

（5）X 轴行程精度检测

按照受检设备常规运行方式正常工作，结合定点停止功能，X 轴每行程不大于 10 cm 为 1 个测试点，全程不少于 30 个测试点，用游标卡尺测量 X 轴实际行程值（标准值），与受检仪器显示值进行比对，将数据记录在记录表中。

5.5　测沙仪检测

5.5.1　概述

利用比测法检测含沙量测量仪的测量范围、测量精度等指标。配比不同模型沙样的标准均匀的水沙混合液，检测含沙量测量仪在该已知浓度的含沙水体中的测量值，根据检测的测量值与配比的标准值进行对比从而检测含沙量测量仪的测量范围、测量精度。

5.5.2　检测装置

电子天平（百分之一）、磁力搅拌器、1 L 玻璃烧杯。

5.5.3　检测方法

（1）检测前准备

计算机上设置网络地址，确保旋桨流速仪与计算机正常连接，打开测杆电源，观察是否有红光，若有红光则光电部分工作正常。运行数据采集软件，设置参数，如图 5-8 所示。

图 5-8　测沙仪检测

（2）外观校验

目测旋桨流速仪的外观，应符合《水工与河工模型常用仪器校验方法》（SL 233—2016）的要求。

（3）基本功能检测

目测含沙量测量仪采集系统能正常采集、显示、存储数据，含沙量测量仪能正常将测量数据通过有线/无线传输方式传送至计算机系统，符合国家重大科学仪器设备开发专项"我国大型河工模型试验智能测控系统开发"项目任务书的要求。

（4）性能检测

① 灵敏阈

a. 在 1 L 玻璃烧杯中配备 1 L 的含沙水体，并放置在磁力搅拌器上搅拌均匀，将传感器放入其中并固定好。

b. 接通电源预热 10 min，待水面稳定后开始检测。

c. 上下缓慢移动传感器，记录数值变化，灵敏阈值应符合《水工与河工模型试验常用仪器校验方法》（SL 233—2016）的规定。

② 含沙量测量范围、测量精度、重复性检测

a. 在 1 L 玻璃烧杯中配备 1 L 的含沙水体，配比 5 g/cm³、15 g/cm³、25 g/cm³、35 g/cm³、45 g/cm³、55 g/cm³、70 g/cm³ 的标准含沙量水体，使用磁力搅拌器将配比的水沙水体处于匀质状态；配置好模型沙的烧杯放置在磁力搅拌器上搅拌均匀，将传感器放入其中并固定好。

b. 含沙量测量仪放入含沙量水体中并固定好，每隔 1 s 读 1 次含沙量测量仪检测值，测读 6 次，计算含沙量均值。

c. 计算测量误差，利用多次测量的均值与此刻含沙水体实际的含沙量浓度值进行计算，从而获得此点处的含沙量测量误差。检测测量含沙量在同一沙

样,不同浓度的测量误差,即可获得含沙量的测量精度。

d. 重复性误差检测,利用每一测点处的多次检测结果,计算含沙量的重复性误差,从而获得含沙量测量仪的重复性误差。

5.6 波高测量仪检测

5.6.1 概述

(1) 静态性能测试

根据流体静力学原理,将被测波高量转换成入水高度进行测量,利用高度尺调节波高测量仪入水深度,使其入水深度逐渐增加或逐渐减小,重复进行一个来回的测试,以便对检测波高测量仪的测量范围、测量精度进行检测。

(2) 动态性能测试

根据流体静力学原理,将被测波高量转换成入水高度进行测量,将波高测量仪固定在数控机床上,并跟随其做周期运动,以检测波高测量仪的动态跟踪性。

5.6.2 检测装置

测高尺、数控机床,如图 5-9 所示。

5.6.3 检测方法

(1) 检测前准备

计算机上设置网络地址,确保波高测量仪与计算机正常连接,打开测杆电源,若上位机能够接收数据,则波高测量仪运行正常。

图 5-9 波高测量仪检测

(2) 外观校验

目测波高测量仪的外观,应符合《水工与河工模型常用仪器校验方法》(SL 233—2016)的要求。

(3) 基本功能检测

目测仪器是否可通过计算机采集系统进行多点同步采集与测量数据处理;仪器的数据采集系统及数据采集与记录功能是否正常;仪器是否具有无线传输功能,是否有显示面板,测量波浪高度功能是否正常。

(4) 性能检测

① 静态检测

a. 将波高测量仪固定在测高尺端部,下面放一直径 25 cm 的盛水容器,容器内水深应保证波高测量仪测针上下移动时能淹没在水中。接通电源预热 5 min。

  b. 调整零点,通过移动测高尺带动波高仪测针,读取并记录输出水位值。

  c. 按仪器满量程每 20% 设置 1 个水位测试点,共 6 个检测点。

  d. 每个水位测试点,在等待到达水位 20 s 后进行测量。每一测试点,记录测高尺移动标准值数据,并记录波高测量仪输出的水位值。

  e. 重复 a、b、c 和 d 的过程,再重复测量 1 次。

  f. 通过仪器输出值与标准值的比较,计算仪器精度。

  ② 动态测量

将波高测量仪固定在数控机床端部,下面放一直径 25 cm 的盛水容器,调整零点,设定仪器采集速度 0.02 s/次。数控机床以 60 cm/s 的速度移动,带动波高测量仪,进行上下往复运动,垂向移动最大距离为 39 cm,机床运动周期约为 1.5 s,模拟水工模型试验中波浪变化,进行波高测量仪动态测量。测量时,波高测量仪检测波高值、波周期。

5.7 压力总力仪检测

5.7.1 概述

  根据比测法原理,将压力传感器放入检测台中,将压力总力仪检测到的压力总力值与设定的压力总力值比较,从而检定压力总力仪的测量范围及测量精度,如图 5-10 所示。

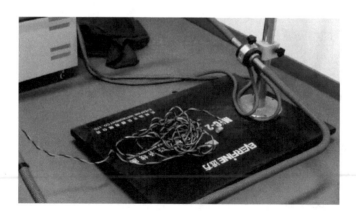

图 5-10 压力总力仪检测

5.7.2 检测装置

水位试验台。

5.7.3 检测方法

（1）检测前准备

计算机上设置网络地址，确保压力总力仪与计算机正常连接，打开测量软件，设置参数，如有正常显示测量数据，则正常工作。

（2）外观校验

目测旋桨流速仪的外观，应符合《水工与河工模型常用仪器校验方法》(SL 233—2016)的要求。

（3）基本功能检测

检测是否可通过计算机采集系统进行多点同步采集与测量数据处理；仪器的数据采集系统、数据采集与记录功能是否正常。

（4）性能检测

a. 将压力总力仪安装在 10 m 水位台上，将仪器探头放置在 10 m 水位台内，保证水位能覆盖探头。接通电源预热 5 min。

b. 调整零点，通过 10 m 水位台进排水控制水位升降，读取并记录输出水位值。

c. 按仪器满量程每 10% 设置 1 个水位测试点，共设置 11 个。

d. 每个水位测试点，等待到达水位 20 s 后进行测量。每一测试点，记录 10 m 水位台标准水位值数据，并记录仪器的输出水位值。

e. 重复 a、b、c 和 d 的过程，再重复测量 1 次。

f. 通过输出值与标准值的比较，计算仪器精度。

5.8 控制系统检测

5.8.1 概述

水位控制精度检测分为尾门水位精度检测和潮水箱水位精度检测。检测原理是依据比测法，在潮汐过程中给定目标值，同时采集控制站的水位值，对两者值进行比较，偏差值就是误差精度。

流量控制精度检测原理依据比测法，在潮汐过程中给定目标值，同时通过电磁流量计采集上游流量值，对两者值进行比较，偏差值就是误差精度。

量测定位控制精度检测原理是依据比测法，给定一个断面值，然后使测桥自动定位,定位完通过标准激光测距仪和游标卡尺来测量桥体的具体位置,与给定值进行比较,偏差值就是误差精度。

5.8.2 检测装置

水位测针、钢直尺、激光测距仪、电磁流量计、电子秒表、天平、游标卡尺。

5.8.3 检测方法

(1) 检测内容介绍

河工模型试验中主要是对水位、流速、流量、流场及流迹线、含沙量、泥沙颗粒级配、地形以及波高、压力和总力等数据进行测量。

潮位测量设备主要有:水位测针、自动跟踪式水位仪。

流速、流向测量仪器主要有:旋桨流速仪、声学多普勒流速仪(ADV)、粒子图像测速系统(PIV)、热线流速仪、电磁流速仪、激光流速仪等。

流量测量仪器设备:量水堰、流量计。其中流量计的种类很多。按测量原理分:电磁式、电感式、应变电阻式、超声波式、声学式(冲击波式)、热量式、激光式、光电式等。按结构原理分:容积式、叶轮式、差压式(变压降式)、变面积式(等压降式)、动量式、电磁式、超声波式等。

地形测量设备主要有:超声波式、阻抗式和激光式地形仪。

河口海岸模型试验其他量测设备主要有:测沙仪、颗分仪。

水循环系统主要包括3个单元:供、排水单元,生潮单元和生波单元等。生潮单元主要包括双向泵生潮系统、尾门和双向泵组合式生潮系统。供、排水单元包括水库、水泵、供水管、溢流管和回水廊道(回水槽)等,河口模型中,上游供水通过流量计或量水堰等设施与模型相连。

输沙循环系统中有模型沙混在水流中,用于浑水试验,主要包括搅拌池、加沙设备和沉沙池等。

图 5-11　量测系统检测

图 5-12　加沙控制检测

图 5-13　水位控制检测

（2）控制系统检测流程

① 功能检测

a. 泵房功能检测

验证模型泵房启停功能是否正常,执行控制指令准确,符合要求。

b. 上游双向泵功能检测

验证模型双向泵启停功能是否正常,执行控制指令准确,符合要求。

c. 尾门控制检测

验证模型尾门开合功能是否正常,执行控制指令准确,符合要求。

d. 潮水箱控制检测

验证模型潮水箱开合功能是否正常,执行控制指令准确,符合要求。

e. 加沙控制检测（图 5-12）

验证模型加沙启停功能是否正常,执行控制指令准确,符合要求。

f. 量测控制检测

验证模型量测行走功能是否正常,执行控制指令准确,符合要求。

② 模型稳水水位流量检测

a. 水位控制精度检测（图 5-13）

在尾门、潮水箱有效量程内分别调整水位，测量尾门、潮水箱给定水位与实际水位差异，其误差应不大于 0.5 mm，符合要求。

b. 流量精度检测

在有效量程内调节流量，测量流量给定值与实际流量差异，其控制误差不大于 5%，符合要求。

③ 潮汐测控系统

a. 控制站点的采集水位与各控制站点的各时点给定水位相比较，其控制误差不大于 0.5 mm。

b. 控制站点的采集流量（电磁流量计）与各时点给定流量相比较，其控制误差不大于 5%。

④ 加沙控制

在加沙控制系统的显示界面上分别输入 5 个输沙率，点击"开始"按钮。稳定一段时间后，按秒表的同时开始接取水沙混合液，接取结束时，移出容器并记录秒表时间。将水沙混合液烘干后用天平称量。用烘干后沙子的重量除以秒表记录时间得出输沙率。每次设定输沙率后重复测量 3 次。加沙控制系统的控制精度小于 ±10%，加沙控制系统的重复性小于 ±10%。

⑤ 测桥

a. 全自动测桥 X 向定位精度应按以下步骤进行：随机选取 5 个断面，在每个断面处操作测桥分别以正向和反向接近断面，当测桥自动停止时，用激光测距仪测量断面线与测量平面间的距离。

b. 全自动测桥 Y 向定位精度应按以下步骤进行：测桥 Y 向在量程范围内选取 5 个特征点，操作测桥分别以正向和反向接近特征点，当测桥自动停止时，用游标卡尺测量特征点与运动平台间的距离。

c. 全自动测桥 Z 向定位精度应按以下步骤进行：测桥 Z 向在量程范围内选取 5 个特征点，操作测桥分别以正向和反向接近特征点，当测桥自动停止时，用游标卡尺测量特征点与运动部件间的距离。

⑥ 远程控制与本地控制

本地控制（水位控制、潮汐测控、加沙控制、测桥定位），远程控制（水位控制、潮汐测控、加沙控制、测桥定位）功能正常。

⑦ 数据传输

测量仪器数据、控制指令应能准确传输，系统容量为 256 台传感器，本次检测随机选取 20 台仪器，数据传输正确。

⑧ 安全保障

系统具备水位、测桥移动限位功能,水位、流量报警(现地,远程)功能执行正确。

(3) 可靠性测试内容

① 气候环境适应性

a. 低温:将仪器放置恒温恒湿试验机内,接通仪器电源,逐渐降温至 0 ℃,并在此温度下保持 4 h,试验结束后进行仪器测试。仪器工作正常,则符合要求。

b. 高温:将仪器放置恒温恒湿试验机内,接通仪器电源,逐渐升温至 40 ℃,并在此温度下保持 4 h,试验结束后进行仪器测试。仪器工作正常,则符合要求。

c. 高温高湿:将仪器放置恒温恒湿试验机内,接通仪器电源,逐渐升至 95%RH(40 ℃时),并在此环境温度下保持 4 h,试验结束后进行仪器测试。仪器工作正常,则符合要求。

② 机械环境适应性

a. 振动:在包装状态下,设置扫频振动频率为 $2\sim80$ Hz,扫频速度为每分钟 1 倍频程,加速度为 5 m/s²、循环次数为 3 次的振动试验。试验后,被测仪器工作正常,则符合标准要求。

b. 跌落:设置自由跌落机的跌落高度为 100 cm,将仪器自由跌落在平滑、坚硬的钢质面上,共进行 3 次跌落试验。试验后,被测仪器工作正常,则符合标准要求。

③ 电磁干扰

将被测仪器放置于工频磁场发生器磁场线圈的中央位置,接通被测仪器的电源。设置磁场稳定试验强度为 3A/m(2 级),试验进行中及试验后,被测仪器能正常工作,则符合标准要求。

/第6章/ 应用实例

在河工模型试验智能测控系统各量测设备、控制系统的研制过程中，一直不断在各种水槽和模型中进行试验、应用，并不断根据试验和应用的情况进行改进。测控的研发试验和应用主要在南京水利科学研究院铁心桥基地的长江河口段模型中进行，该模型属于水文水资源与水利工程科学国家重点实验室。在智能测控系统研发完成后，整个系统在长江河口段模型、长江下游常泰过江通道模型、灌河口航道整治工程模型等诸多模型进行了系统的、全面的应用，并成功应用于国家重大科技研发项目长江南京以下 12.5 m 深水航道整治，多个大型过江通道、河口航道整治，长江江苏段综合治理关键技术等方面的研究。该系统促进了试验研究的进度、提高了模型试验的精度，支撑了长江南京以下深水航道建设工程等国家重点工程，解决了我国大型河流泥沙模拟技术中的关键问题。在模型中应用的系统主要有模型试验控制系统和模型试验数据采集系统。其中试验控制系统有：模型智能水沙循环系统、流量自动控制系统、潮汐自动控制系统、试验控制中心和实验室监控及管理系统。

6.1 长江河口段自然情况及模型概况

长江三角洲地区是中国经济最发达的地区之一，经济的快速发展，给长江河口段的水利规划、港口航道等建设提出了更高的要求，为了解这些涉水工程实施后的效果以及对河势、防洪和周边涉水建筑物的影响，建立了长江河口段物理模型来对此进行研究。在模型的布设之初，对模型类型、模型范围、模型比尺、潮汐控制方式、定动床模型加糙以及动床试验模型沙等多方面进行了详细的规划设计。模型建立后，先后经历了模型率定和多次模型验证，并进行了多项涉及交通、水利、大型桥梁和电力等相关的研究。长江河口段模型试验研究技术框图见图 6-1。

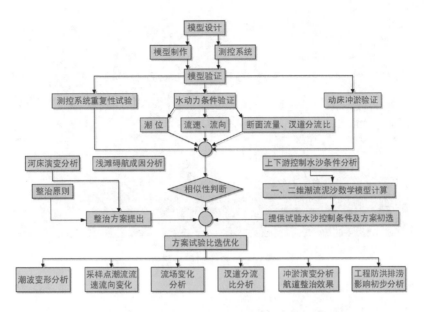

图 6-1　长江河口段模型试验研究技术框图

6.1.1　长江河口段自然条件

6.1.1.1　河段概况

长江河口段位于长江下游江苏省、上海市境内(图 6-2)。江苏省江阴界河口—上海吴淞口间河段全长 190 km,由江阴水道、福姜沙水道,浏海沙水道、南通水道、通州沙水道及长江南支白茆沙水道、新桥水道、宝山水道组成。受潮流及径流共同作用,间有众多沙洲和浅滩,自上而下主要有福姜沙、民主沙、长青沙、横港沙、通州沙、狼山沙、白茆沙、上下扁担沙等,属典型的多分汊河道(图 6-3)。

长江下游南京至浏河口河段航道自然条件优越,良好的深水宜港岸线有 200 km 以上,是我国目前内河航道等级最高和最具航运开发价值的河段。目前,长江河口段中该河段主要存在福姜沙、通州沙和白茆沙水道(以下简称三沙水道) 3 个卡口水道,为深水航道上延必须首先解决的重点水道。

本河段为长江下游冲积性平原和现代沉积的三角洲平原。沿江有江阴鹅鼻嘴、炮台圩,南通的龙爪岩、徐六泾、七丫口等天然和人工节点控制长江的河势,大的河势及岸线已趋基本稳定,但局部合适仍处于冲淤变化之中。

6.1.1.2　上游径流、泥沙条件

长江下游最后一个水文站大通站距本河段进口鹅鼻嘴约 410 km。大通站以下较大的入江支流有安徽的青弋江、水阳江、裕溪河,江苏的秦淮河、滁河、淮河入江水道、太湖流域等水系,入汇流量约占长江总流量的 3%~5%,故大通

图 6-2　三沙河段位置图

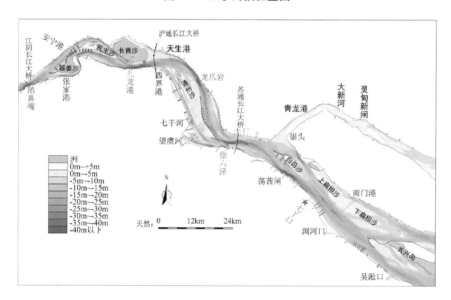

图 6-3　长江三沙河段河势图

站的径流资料可以代表本河段的上游径流,根据大通水文站资料统计分析,其特征值见表 6-1。

表 6-1　大通站径流及沙量特征值统计表(1950—2017 年)

类别	最大	最小	平均
流量(m³/s)	92 600(1954.8.1)	4 620(1979.1.31)	28 371
洪峰流量(m³/s)	—	—	56 800

142

类别	最大	最小	平均
枯水流量（m³/s）	—	—	16 700
径流总量（×10⁸m³）	13 454（1954 年）	6 696（2011 年）	8 975
输沙量（×10⁸t）	6.78（1964 年）	0.72（2011 年）	三峡蓄水前 4.29，蓄水后 1.37
含沙量（kg/m³）	3.24（1959.8.6）	0.016（1993.3.3）	三峡蓄水前 0.496，蓄水后 0.158

1 年当中,最大流量一般出现在 7、8 月份,最小流量一般在 1、2 月份。径流在年内分配不均匀,5—10 月为汛期,三峡水库蓄水前,其径流量占年径流总量 71.1%、沙量占 87.2%,三峡水库蓄水后,其径流量占年径流总量 67.6%、沙量占 78.4%,表明汛期水量、沙量比较集中,沙量集中程度大于水量。

长江水体含沙量与流量有关。三峡蓄水前,多年平均含沙量约为 0.496 kg/m³,而洪季为 0.608 kg/m³;三峡蓄水后,多年平均含沙量约为 0.158 kg/m³,而洪季约 0.184 kg/m³。径流、泥沙在年内分配情况详见表 6-2。

表 6-2　大通站多年月平均流量、沙量统计表

月份	流量				多年平均输沙率				多年平均	
	平均流量（m³/s）		年内分配（%）		平均输沙率（kg/s）		年内分配（%）		含沙量（kg/m³）	
	蓄水前	蓄水后	蓄水前	蓄水后	蓄水前	蓄水后	蓄水前	蓄水后	蓄水前	蓄水后
1	10 900	13 610	3.2	4.2	1 130	1 060	0.7	2.0	0.104	0.078
2	11 600	14 090	3.4	4.3	1 170	960	0.7	1.9	0.102	0.068
3	15 900	19 390	4.6	6.9	2 450	2 350	1.5	4.5	0.154	0.121
4	24 100	24 080	7.0	7.4	5 950	3 250	3.7	6.3	0.247	0.135
5	33 700	31 970	9.8	9.8	12 000	4 770	7.4	9.2	0.357	0.149
6	40 400	40 580	11.7	12.4	17 200	6 890	10.6	13.3	0.426	0.170
7	51 000	47 190	14.8	14.4	37 400	10 080	23.1	19.4	0.733	0.214
8	44 300	40 750	12.9	12.4	31 000	8 450	19.2	16.3	0.699	0.207
9	40 800	34 850	11.9	10.6	27 010	7 050	16.7	13.6	0.663	0.202
10	33 900	25 900	9.9	7.9	16 910	3 500	10.5	6.7	0.499	0.135
11	23 000	19 770	6.7	6.0	6 910	2 220	4.3	4.3	0.300	0.112
12	14 200	15 200	4.1	4.6	2 520	1 360	1.6	2.6	0.178	0.089
5—10 月	40 670	36 870	71.0	67.6	23 590	6 790	87.5	78.4	0.580	0.184
年平均	28 660	27 280			13 470	4 320			0.470	0.158

备注:流量根据 1950—2017 年资料统计;输沙率、含沙量根据 1951 年、1953—2017 年资料统计;三峡蓄水以 2003 年为准。

根据 1950—2018 年资料统计,大通站多年平均径流总量约为 8 959 亿 m³,年际间波动较大,但多年平均径流量无明显的趋势变化。根据 1950—2017 年资料统计,大通站年平均输沙量 3.62 亿 t,近年来,随着长江上游水土保持工程及水库工程的建设等原因,长江流域来沙越来越少。输沙量以葛洲坝工程和三峡工程的蓄水为节点,呈现明显的三阶段变化特点,输沙量呈现逐渐减小的趋势。其中 1951—1985 年平均输沙量为 4.71 亿 t,1986—2002 年平均输沙量为 3.40 亿 t,2003—2017 年平均输沙量为 1.37 亿 t。

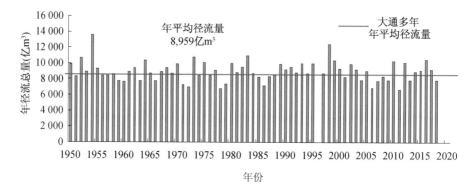

(a) 大通历年径流总量(1950—2018 年)

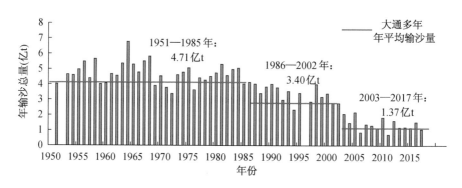

(b) 大通历年输沙总量(1950—2017 年)

图 6-4 1950—2018 年大通站历年径流总量、历年输沙总量分布

图 6-5 为三峡蓄水前后大通站多年月均径流量、输沙量对比图,可见,三峡水库蓄水后,洪季流量减小有限,枯季时个别月份流量有所增加;而洪季沙量减小程度明显,而枯季总体上输沙量较小,蓄水后输沙量有所减小但幅度不大。

6.1.1.3 潮汐特征

长江口为中等强度潮汐河口,长江口南支河段潮汐属于非正规半日潮,一涨一落平均历时 12 h 25 min,一个太阴日 24 h 50 min,有两涨两落,且日潮不

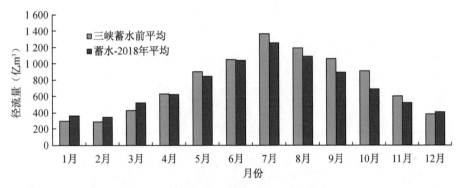

（a）大通站三峡　蓄水前后月均径流量比较

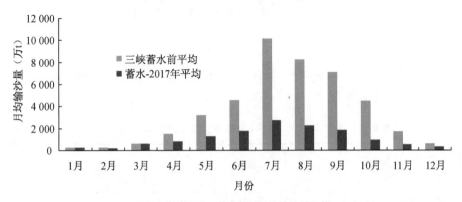

（b）大通站三峡　蓄水前后月均输沙量比较

图6-5　大通站三峡水库蓄水前、后月均径流量、输沙量对比

等。每年春分至秋分为夜大潮，秋分至次年春分为日大潮。最大潮差4 m以上，最小潮差0.02 m。在径流与河床边界条件阻滞下，潮波变形明显，涨落潮历时不对称，涨潮历时短，落潮历时长，潮差沿程递减，落潮历时沿程递增，涨潮历时沿程递减，如图6-6所示。

长江口潮流界随径流强弱和潮差大小等因素的变化而变动，枯季潮流界可上溯到镇江附近，洪季潮流界可下移至西界港附近。据实测资料统计分析可知，当大通径流在10 000 m³/s左右时，潮流界在江阴以上，当大通径流在40 000 m³/s左右时，潮流界在如皋沙群一带，大通径流在60 000 m³/s左右时，潮流界将下移到芦泾港—西界港一线附近。

工程河段自上而下以肖山、天生港、徐六泾和杨林的潮汐特征值如表6-3所示（1985—2006年，国家85基准）。最高潮位通常出现在台风、天文潮和大径流三者或两者叠加之时，其中受台风影响较大。1997年8月19日农历七月十七日，11号台风和特大天文大潮遭遇，天生港站出现建站以来最高潮位7.08 m

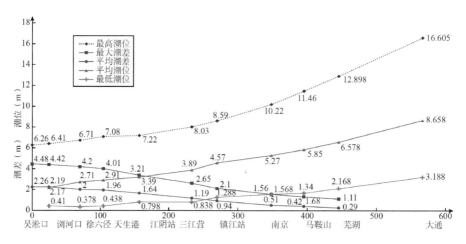

图 6-6　长江大通—吴淞口沿程潮位特征

(吴淞高程);1996 年 8 号台风,正值农历六月十七天文大潮,遭遇上游大洪水
(长江大通站流量达 72 000 m³/s),江阴出现历史上最高潮位。

表 6-3　肖山、天生港、徐六泾、杨林和吴淞口的潮汐统计特征表　　(单位:m)

特征值＼站名	肖山	天生港	徐六泾	杨林	吴淞口
最高潮位	6.28	6.14	4.83	4.50	3.82
最低潮位	−1.14	−1.52	−1.56	−1.47	−2.17
平均高潮位	2.10	2.07	2.05	1.71	1.36
平均低潮位	0.50	0.03	−0.37	−0.50	−0.89
平均潮差	1.64	1.93	2.01	2.19	2.31
最大潮差	3.39	4.01	4.01	4.90	4.48

福姜沙河段,洪季大潮最大落潮流速可达 1.8 m/s 以上,平均落潮流速
0.7~1.17 m/s,枯季大潮和中潮平均落潮流速为 0.5~0.8 m/s;洪季大潮的
最大涨潮流速小于 0.5 m/s,主槽不出现涨潮流,枯季大潮和中潮平均涨潮流
速小于 0.5 m/s。

根据 2010 年 7 月通州沙、白茆沙河段实测断面涨、落潮最大流速统计,落
潮最大流速一般出现在深槽主流处,涨潮最大流速一般出现在边滩或浅滩处,并大
多出现在水面或相对水深 0.2H 处。实测最大流速一般出现在大潮期,涨潮最大流
速为 2.24 m/s(北支口断面),落潮最大流速为 2.37 m/s(通州沙东水道)。

6.1.1.4 泥沙特性

福姜沙河段悬沙、底沙级配曲线以及通州沙、白茆沙河段主槽颗粒沙级配曲线见图 6-7。

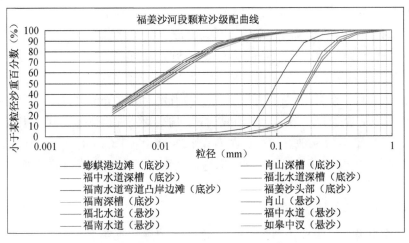

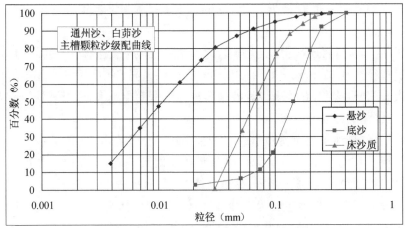

图 6-7 福姜沙、通州沙、白茆沙主槽颗粒沙级配曲线

（1）工程河段河床底质中值粒径分布

三沙河段底沙粒径沿程变细，总体来说，对于底沙粒径，福姜沙河段大于通州沙河段，通州沙河段大于白茆沙河段，即上游底沙粒径大于下游底沙粒径。福姜沙河段主槽中值粒径平均为 0.15～0.25 mm，通州沙河段主槽中值粒径为 0.10～0.25 mm，白茆沙河段主槽中值粒径为 0.10～0.20 mm。

床底质中值粒径分布除沿程存在一定的差异，主深槽与次深槽、滩地之间也存在一定的差异。从以往的实测资料分析，主槽底沙中值粒径一般在 0.1～0.25 mm，边滩底质中值粒径一般在 0.01～0.1 mm。主汊底沙中值粒径一般大于支汊，如福姜沙左汊大于右汊，浏海沙水道大于天生港水道，通州沙东水道一般大于西水道，白茆沙南水道一般大于北水道，南支大于北支等。

以落潮流为主的汊道底质粒径大于以涨落潮为主的汊道。如以涨潮流为主的天生港水道、福山水道底质较细。以冲刷为主的河床底沙粒径大于以淤积为主的河床底沙粒径，前者一般 $d_{50}>0.1$ mm，后者一般 $d_{50}<0.1$ mm，如双涧沙头部、姚港对面南通水道-5 m 心滩、狼山沙西水道心滩、新开沙尾部、白茆沙头部等淤积时底沙中值粒径小于 0.1 mm，冲刷时中值粒径在 0.1 mm 以上。

底沙不均匀系数随粒径不同差异较大，当 d_{50} 在 0.2 mm 左右；不均匀系数在 1.5~3 左右；当 d_{50} 在 0.15 mm 时，不均匀系数在 2~5 左右；当 d_{50} 在 0.1 mm 时，不均匀系数在 3~8 左右；当 d_{50} 在 0.05 mm 时，不均匀系数在 5~10 左右；当 d_{50} 小于 0.05 mm 时，不均匀系数大于 10。主槽内底沙粒径小于 0.031 mm 的，一般不足 5%，小于 0.062 mm 的，一般占 10% 左右。

（2）工程河段悬沙中值粒径分布

大通站三峡水库蓄水前后多年平均悬沙中值粒径基本不变，1987—2002 年各年平均悬沙中值粒径为 0.009 mm，2003—2009 年各年平均中值粒径为 0.01 mm。

以往实测资料分析表明，工程河段悬沙中值粒径一般在 0.005~0.02 mm，平均中值粒径约 0.01 mm。大、中、小潮中值粒径差异较小，一般涨落急中值粒径略大于涨憩、落憩，总体来说悬沙中值粒径沿程变化不大，主槽和浅滩相差不大，主支汊无明显变化。

在枯季，悬沙主要由粉砂组成，其中，粉砂组分平均占 57.8%~81.9%，砂和黏粒组分均约在 10%~20%。洪季粒径相对细一些，主要由黏粒质粉砂组成，其中，粉砂约占 60%~70%，黏粒大约占 30%，砂占 10% 以下。

工程河段造床泥沙主要为底沙运移，经分析计算，悬沙中造床泥沙的分界粒径约为 0.04 mm，悬沙中参与造床泥沙约占 10% 左右。

（3）工程河段悬沙含沙量平面分布

工程河段含沙量主要受上游来沙的影响，也受下游涨潮来沙的影响，洪季含沙量大于枯季，大潮含沙量大于小潮。同时主支汊之间含沙量也存在一定的差异。福姜沙水道，落潮左汊含沙量一般大于右汊，而如皋中汊含沙量一般大于浏海沙水道，天生港水道涨潮含沙量大于落潮含沙量。

6.1.2 长江河口段模型基本情况

（1）模型类型及范围选择

考虑本模型的建立是为了解决长江河口段内有关水利规划、深水航道整治等工程实施后的整治效果和影响,为此拟建立一个长江河口段潮流泥沙物理模型,来研究工程实施后的水动力变化和河床冲淤变化。模型研究的工程主要位于福姜沙、通州沙和白茆沙河段,考虑模型的过渡段,最后选定模型的范围上起江阴界河口,长江南支至吴淞口,北支在大新河以下。

(2) 模型相似条件

① 水流运动相似条件

由非恒定流运动方程

$$\begin{cases} \dfrac{\partial u}{\partial t} + u\,\dfrac{\partial u}{\partial x} + v\,\dfrac{\partial u}{\partial y} + g\,\dfrac{\partial \zeta}{\partial x} + g\,\dfrac{u^2}{C^2 h} = 0 \\[2mm] \dfrac{\partial v}{\partial t} + u\,\dfrac{\partial v}{\partial x} + v\,\dfrac{\partial v}{\partial y} + g\,\dfrac{\partial \zeta}{\partial y} + g\,\dfrac{v^2}{C^2 h} = 0 \end{cases} \tag{6-1}$$

可得重力相似:
$$\lambda_V = \lambda_h^{1/2} \tag{6-2}$$

阻力相似:
$$\lambda_V = \lambda_n^{-1}\lambda_h^{7/6}\lambda_L^{-1/2} \tag{6-3}$$

水流惯性相似:
$$\lambda_V = \lambda_L\lambda_{t_1}^{-1} \tag{6-4}$$

水流连续性相似:
$$\lambda_Q = \lambda_h^{3/2}\lambda_L \tag{6-5}$$

紊流限制:
$$R_{e_m} \geqslant 10\ 000 \tag{6-6}$$

模型变率限制:
$$\frac{\lambda_L}{\lambda_h} \leqslant \left(\frac{1}{6} \sim \frac{1}{10}\right)\left(\frac{B}{H}\right)_P \tag{6-7}$$

为保证模型和原体相似,模型水流处于阻力平方区,模型雷诺数 $R_{e_m} > 1\ 000$。

② 泥沙运动相似条件

本河段地处长江河口段,受径流及潮汐共同作用,河床的冲淤变化应同时考虑悬移质及推移质运动的相似,临底层泥沙运动对河床变形起主导作用。泥沙运动及其引起河床变形相似条件如下:

泥沙起动相似:
$$\lambda_u = \lambda_{u_0} \tag{6-8}$$

泥沙沉降部位相似:
$$\lambda_\omega = \frac{\lambda_u\lambda_h}{\lambda_l} \tag{6-9}$$

泥沙悬浮扩散相似:
$$\lambda_\omega = \lambda_{u*'} \tag{6-10}$$

泥沙输沙相似:
$$\lambda_p = \lambda_{p*},\ \lambda_S = \lambda_{S*} \tag{6-11}$$

河床变形相似：　　　$\lambda_{t_2} = \lambda_{\gamma_0} \dfrac{\lambda_l^2 \lambda_h}{\lambda_p}, \lambda_{t_2} = \lambda_{\gamma_0} \dfrac{\lambda_l}{\lambda_{S*} \cdot \lambda_u}$　　　　　　　(6-12)

式中：λ_{u_0} 为泥沙起动流速比尺；λ_ω 为泥沙沉降流速比尺；λ_{u*} 为沙粒摩阻流速比尺；λ_p 为底沙输沙量比尺；λ_{p*} 为底沙输沙能力比尺；λ_S、λ_{S*} 为悬沙挟沙量和挟沙能力比尺；λ_{γ_0} 为泥沙干容重比尺；λ_{t_2} 为河床冲淤变化时间比尺。

考虑到

$$u' = \frac{n_d \sqrt{gh}}{h^{\frac{1}{6}}}$$　　　　　　　(6-13)

$$n_d = 0.045 d_{95}^{\frac{1}{6}}$$　　　　　　　(6-14)

$$u^{*\prime} = \frac{u}{7.14 \left(\dfrac{h}{d_{95}}\right)^{\frac{1}{6}}}$$　　　　　　　(6-15)

式中：λ_{u_0} 为泥沙起动流速比尺；λ_ω 为泥沙沉降流速比尺；λ_{u*} 为沙粒摩阻流速比尺；λ_p 为底沙输沙量比尺；λ_{p*} 为底沙输沙能力比尺；λ_S、λ_{S*} 为悬沙挟沙量和挟沙能力比尺；λ_{γ_0} 为泥沙干容重比尺；λ_{t_2} 为河床冲淤变化时间比尺；d_{95} 为级配曲线中小于等于 95% 的泥沙粒径。

泥沙悬浮扩散相似条件式(6-10)可转化为：

$$\lambda_\omega = \frac{\lambda_u}{\left(\dfrac{\lambda_h}{\lambda_d}\right)^{\frac{1}{6}}}$$　　　　　　　(6-16)

式中：λ_ω 为泥沙沉降流速比尺；λ_u 为流速比尺；λ_h 为垂直比尺；λ_d 为泥沙粒径比尺。

（3）模型比尺选择

依据物理模型比尺限制条件及模型研究内容要求，流速、潮位地形等测量精度要求，模型沙选择要求等，垂直比尺确定 $\lambda_h = 100$，另外考虑模型变率限制，潮汐河口模型变率取 6 左右，依据水流运动时间比尺 $\lambda_t = \dfrac{\lambda_l}{\sqrt{\lambda_h}}$，$t_m = \dfrac{t_p}{\lambda_t}$，天然 1 h 时间模型最好取接近整数，可减小多个潮周期循环后的时间累积误差，综合考虑最后确定 $\lambda_L = 655$。

模型制模面积约为 4 000 m²。模型总体布置见图 6-8，模型照片见图 6-9 至图 6-11。长江河口段模型比尺见表 4-7。

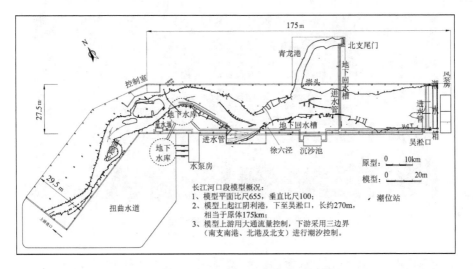

图 6-8　长江河口段模型布置示意图

表 6-4　长江河口段模型比尺表

内　容	名　称	符　号	数值
几何相似	水平比尺	λ_l	655
	垂直比尺	λ_h	100
	变　率	$\eta = \lambda_l / \lambda_h$	6.55
水流运动相似	流速比尺	$\lambda_u = \lambda_h^{1/2}$	10
	糙率比尺	$\lambda_n = \lambda_h^{2/3} / (\lambda_l^{1/2})$	0.84
	时间比尺	$\lambda_t = \lambda_l / (\lambda_h^{1/2})$	66.5
	流量比尺	$\lambda_Q = \lambda_u \lambda_h \lambda_l$	655 000
泥沙运动相似	河床质流速比尺	$\lambda_{u_0} = \lambda_\omega$	10
	河床质粒径比尺	λ_{d_1}	1.13
	床沙质沉速比尺	λ_ω	3.54
	床沙质粒径比尺	λ_{d_2}	0.56
	含沙量比尺	λ_s	0.103
	冲淤时间比尺	λ_{t_2}	833

图 6-9　模型上游试验场景

图 6-10　模型中下段徐六泾河段

图 6-11　模型下游试验场景

（4）模型控制方式

长江口为中等强度潮汐河口，上游有径流下泄。模型上游采用扭曲水道连接量水堰和模型试验区，上游采用大通流量控制，扭曲水道以模拟涨潮流上溯。考虑长江出徐六泾后在崇明岛分为长江南支和北支，下游考虑双边界潮位控制：北支由水位控制的矩形平板翻转式尾门生潮设备产生潮汐过程，南支由潮水箱生潮设备产生潮汐过程。

（5）模型沙选择

目前在河工模型试验中常用的模型沙有经防腐处理木粉、电木粉、煤粉、塑料沙等。模型床面需模拟天然河床的可动性，模型沙需满足天然河床泥沙的沉降及悬浮相似，需选择与天然泥沙运动相似的模型沙。根据以往试验经验，以及本河段以往动床试验情况，采用防腐处理的木粉，物理性能较稳定，不易板结，地形易刮制。

由天然泥沙特性可知，泥沙颗粒密实容重 $\gamma_{s_p} = 2.65$ t/m^3，淤积干容重 $\gamma_{0p} = 1.46$ t/m^3。本次试验选用经特殊处理的木粉，这种木粉由木材直接粉碎，然后加入化学物品以调节木粉比重及防腐处理。处理后，颗粒间透水性和圆度好，和天然沙运动有较好的相似性。其木粉模型沙的颗粒密实容重 $\gamma_{sm} = 1.15$ t/m^3，淤积干容重 $\gamma_{0m} = 0.70$ t/m^3。

① 悬沙中床沙质粒径比尺的确定

由床沙质资料分析可知，其悬沙中床沙质中值粒径 $d_{50p} = 0.07$ mm。床沙质运动相似应满足：

a. 沉降相似：$\lambda_\omega = \lambda_u \dfrac{\lambda_h}{\lambda_l} = 10 \times \dfrac{100}{655} = 1.53$

已知 $\omega_{50P} = 0.35$ cm/s、$\omega_m = \dfrac{0.35}{1.53} = 0.229$ cm/s，按冈恰洛夫层流区沉速公式：

$$\omega = \frac{g}{24\nu}\left(\frac{\gamma_s - \gamma}{\gamma}\right)d^2 \qquad (6\text{-}17)$$

式中：ω 为泥沙沉降流速，cm/s；g 为重力加速度，m/s^2；ν 为水的运动黏滞系数，cm^2/s；γ_s、γ 为泥沙和水的容重，N/m^3；d 为泥沙粒径，mm。

有 $\omega_m = \dfrac{g}{24\nu}\left(\dfrac{\gamma_{s_m} - \gamma}{\gamma}\right)d_m^2$，得 $d_m = 0.19$ mm。

b. 悬浮相似：

$$\lambda_{\omega} = \lambda_u \sqrt{\frac{\lambda_h}{\lambda_l}} = 10 \times \sqrt{\frac{100}{655}} = 3.91 \ , \omega_m = \frac{0.35}{3.91} = 0.09 \ \text{cm/s},$$

按 $\omega_m = \frac{g}{24\nu} = \left(\frac{\gamma_{sm}-\gamma}{\gamma}\right)d_m^2$，有 $d_m^2 = \frac{0.09 \times 24 \times 0.01}{980 \times 0.15}$，得 $d_m = 0.12 \ \text{mm}$。

要同时满足以上两个条件，取二者平均值：

$$\overline{d}_m = \frac{0.19+0.12}{2} = 0.16 \ \text{mm}, \lambda_d = \frac{0.07}{0.16} = 0.44$$

据此粒径比尺确定床沙质模型沙级配曲线，见图 6-12。

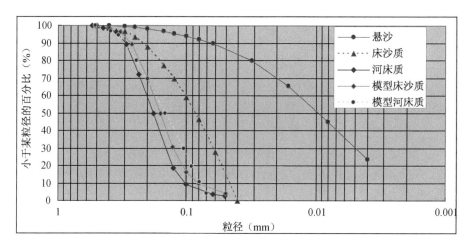

图 6-12　泥沙颗粒级配曲线

② 河床质粒径比尺的确定

在全潮水文测验期间，对本河段进行主槽和沙滩上河床质沙样进行颗粒分析，其中值粒径范围在 0.1~0.2 mm，平均中值粒径约为 $d_{50p} = 0.15 \ \text{mm}$。

河床质 $d_{50p} = 0.15 \ \text{mm}$，$\omega_p = 1.5 \ \text{cm/s}$。

根据李昌华起动流速公式：

$$u_0 = 0.12 \left(\frac{h}{d_{95}}\right)^{\frac{1}{6}} \frac{\omega}{\left(\frac{\rho_s}{\rho}-1\right)^{\frac{1}{3}}d} \tag{6-18}$$

式中：u_0 为泥沙起动流速，m/s；h 为水深，m；d_{95} 为小于 95% 沙重的粒径；ω 为泥沙沉降流速，cm/s；ρ_s、ρ 为泥沙和水的密度，kg/m³ 或 t/m³；d 为泥沙粒

径,mm。

设 $d_m = 16$ mm,有:$\omega_m = \dfrac{g}{24\nu}\left(\dfrac{\gamma_{S_m} - \gamma}{\gamma}\right)d_m^2 = 0.157$ cm/s,$\lambda_\omega = 9.55$,$\lambda_d = 0.94$。

$$\lambda_{u_0} = \left(\frac{100}{0.94}\right)^{\frac{1}{6}} \times \frac{9.55}{2.22 \times 0.94} = 10$$

故要求 $d_m = 0.16$ mm,$\lambda_d = 0.94$。

故模型沙基本符合相似条件,即 $\lambda_u = \lambda_{u_0}$。根据上述粒径比尺 $\lambda_d = 0.94$,中值粒径 $d_m = 0.16$ mm,确定推移质及河床质模型沙粒径的粒配曲线。

③ 河床冲淤时间比尺

工程所处的长江河口段,河床的冲淤变化及滩槽移动主要由临底悬沙运动造成的。因此采用挟沙输沙能力公式,根据输沙相似条件和河床变形相似条件,估算含沙量比尺和冲淤时间比尺。

现有较适合长江的挟沙能力公式为:

$$S^* = 0.025 \frac{\gamma_s \gamma V^3 n^2}{(\gamma_s - \gamma)\omega H^{\frac{4}{3}}} \tag{6-19}$$

式中:S^* 为水路挟沙能力;γ_s、γ 为泥沙和水的容重;ω 为泥沙沉降流速;V 为水流流速;n 为糙率;H 为水深。

这样:

$$\lambda_{S^*} = \frac{\lambda_{\gamma_s}\lambda_\gamma \lambda_v^3 \lambda_n^2}{\lambda_{\gamma_s - \gamma}\lambda_\omega \lambda_h^{\frac{4}{3}}} \tag{6-20}$$

式中:λ_{S^*} 为水路挟沙能力比尺;λ_{γ_s}、λ_γ 为泥沙和水的容重比尺;λ_ω 为泥沙沉降流速比尺;λ_u 为流速比尺;λ_n 为糙率比尺;λ_h 为垂直比尺。

根据天然沙和模型沙特性,计算得:

$$\lambda_{S^*} = \frac{\lambda_{\gamma_s}\lambda_\gamma \lambda_v^3 \lambda_n^2}{\lambda_{\gamma_s - \gamma}\lambda_\omega \lambda_h^{\frac{4}{3}}} = \frac{2.3 \times 1\,000 \times 0.9^2}{11 \times 2.224 \times 464} = 0.164 \,,$$

$$\lambda_{t_2} = \frac{\lambda_{\gamma_0}\lambda_L}{\lambda_S \lambda_h^{\frac{1}{2}}} = \frac{\dfrac{1\,460}{700} \times 655}{0.164 \times 10} = 833 \,。$$

各个河段由于天然沙的粒径不同,计算值会有所不同。理论上可依据有关合适的输沙能力公式计算出冲淤时间比尺,但由于输沙能力公式(水流挟沙能力和河床质输沙能力)研究目前不够完善,计算公式不成熟,计算数值很不可靠。上述 λ_S 及 λ_{t_2} 的数值一般在验证过程中,需经多次试验调整,并根据动床地形冲淤相似来最终确定 λ_S 及 λ_{t_2}。

（6）模型加糙

由于本模型范围大,受涨落潮影响,为此不同河段、不同水深的糙率有所不同,且动床与定床的糙率不一样。为此,本次模型加糙利用水槽试验对定、动床模型加糙进行研究,并提出定、动床加糙计算公式。

根据研究,长江三沙河段定床模型分为三段进行加糙:模型上游进口江阴利港至如皋沙群尾部、如皋沙群尾部至徐六泾和徐六泾以下河段。通过对实测资料推算,天然河道糙率系数 $n_p = 0.017 \sim 0.022$,结合数学模型计算情况,三段河段原型综合糙率均值 n 分别取为 0.020、0.019 和 0.018。由：$\lambda_n = \lambda_h^{\frac{2}{3}}\lambda_L^{-\frac{1}{2}}$,模型糙率比尺为 0.84,则要求模型综合糙率分别为 0.024、0.023 和 0.021。

根据糙率计算公式,模型分别采用厚度为 5 mm、10 mm 和 15 mm 三种橡皮加糙。床面高程 −5 m 以上用厚度 5 mm 的三角块加糙, −15 m 与 −5 m 之间用厚度 10 mm 的三角块加糙, −15 m 以下用厚度 15 mm 的三角块加糙。模型上游江阴至如皋沙群尾部河段:三角块加糙横向间距 10 cm,纵向间距 10 cm。如皋沙群尾部至徐六泾河段:三角块加糙横向间距 10 cm,纵向间距 12 cm。徐六泾以下河段:三角块加糙横向间距 10 cm,纵向间距 15 cm。考虑涨落潮糙率的差异,三角块顶点指向上游。在实际验证过程中,再对糙率进行局部调整。对于有芦苇等水生植物的浅滩,粘贴塑料花以达到模型阻力相似条件要求。

在动床物理模型试验中,根据以往水槽试验和动床模型试验的经验,木屑模型沙含沙波综合阻力的糙率系数 $n_m = 0.019$ 左右,小于定床糙率,这样模型相似会存在一定偏差,模型试验也表明动床范围内不加糙的情况下,沿程潮位过程验证会出现明显偏差。因此通过动床模型水槽加糙试验研究,最后选用一种塑料花,加糙间距约 10~20 cm,且模型试验中通过调节塑料花间距来调整模型糙率。根据试验成果糙率可在 0.02~0.03 之间,可满足动床试验要求。

6.1.3　模型主要设备及测控系统

（1）模型主要设备

长江河口段模型主要由试验大厅、水泵房、风泵房、控制室、模型主体及进出水系统组成。

模型上游采用扭曲水道连接量水堰和模型试验区,采用大通流量控制,试验时由水泵房水泵将水抽入模型量水堰,水量大小根据试验要求通过量水堰进行控制。

本模型采用的测控系统是由南京水利科学研究院研制的工控计算机、无线网络通信和485通信设备、生潮设备、潮汐控制仪、流速、水位采集设备等组成。将控制站水位过程输入计算机,运转过程中定时采集该控制站点水位仪读数与给定值进行比较,得到一个差值 Δh,通过控制系统驱动交流电机带动减速机构调节尾门或潮水箱蝶阀开启度控制水位变化,使偏差 Δh 值趋近于零,通过计算机修正输入使控制站产生的潮汐过程复演天然的潮汐现象。

（2）模型测量系统

本模型使用的测量设备主要有:自动跟踪水位采集测量系统、旋桨流速仪自动跟踪采集测量系统、超声多普勒流速仪（ADV）、表面流场测量系统、非接触式地形仪等。

6.1.4　模型前期主要研究成果

模型建立后,利用最新实测水文泥沙和地形资料,对模型率定与验证,复演了工程河段水流运动及河床冲淤,率定了定、动床模型加糙以达到模型阻力相似,选定动床模型沙,确定动床模型冲淤时间比尺及含沙量比尺。模型验证结果表明模型潮位、流速、潮量和汊道分流比等误差符合河工模型试验规程要求。

（1）有关国家、省部级重大科研专项方面的研究

① 交通运输建设科技项目（201132874660）:长江福姜沙、通州沙和白茆沙深水航道系统治理关键技术研究。主要从水沙输移特性及航道演变关系、沿程通航水位及整治参数、滩槽总体控导技术研究、整治建筑物新结构及其稳定性、系统整治成套技术等方面进行研究。本项研究将促进长江南京以下12.5 m深水航道的建设,促进我国河口段航道整治技术的发展。该项目已完成,成果经鉴定为整体国际领先。

② 国家重大科学仪器设备开发专项（2011YQ070055）:为我国大型河工模型试验智能测控系统开发出具有自主知识产权并适用于中国国情的成套水动力及泥沙关键参数量测仪器和量测技术,实现大型河工模型试验智能测控系统关键技术的实质性突破,显著提升大型河工模型试验研究水平。通过产学研结合,建立产业化示范基地。初步形成相关仪器应用技术规范,为业务部门及相关研究机构提供成熟稳定的高端产品。

③ 国家863计划（2012AA112508）:潮汐分汊河段深水航道整治技术研究。项目属863计划"现代交通技术"技术领域"交通基础设施建养技术"项目"长江高等级航道建养与监测关键技术研究"。在潮汐分汊河段碍航特点、整治思路和整治原则以及多汊通航环境下洲滩控导等研究基础上,形成了潮汐河段系统整治关键技术,相关成果已应用到长江南京以下12.5 m深水航道设计中。

④ 国家重点研发计划专项(2016YFC0402307):长江泥沙调控及干流河道演变与治理技术研究,以提高控制型枢纽调控下长江航运和岸滩利用为出发点,研究控制性水库联合运用下典型航道河段泥沙输移与冲淤过程,提出长江航道、港口码头及岸滩利用对水沙调控的需求。

⑤ 江苏省水利科技项目(2015004):变化环境下长江江苏段河道演变规律及综合治理关键技术研究。研究揭示了变化环境下长江江苏段水动力及泥沙输移机理、河床冲淤变化及演变规律;提出了变化环境下长江江苏段分汊河道河势控制特点和河势控制工程措施、航道治理及洲滩利用协调性;在此基础上研究提出新水沙条件、新边界条件下长江江苏段河道综合治理对策。

(2)有关水利方面的研究

① 长江澄通河段综合整治规划整治方案模型试验研究。长江澄通河段江阴鹅鼻嘴—徐六泾长96.8 km。该规划结合河道治理和航道整治,统筹考虑各方治理要求,从总体上协调上下游、左右岸以及开发与治理、利用与保护之间的关系,指导澄通河段的综合治理以及水土资源的开发利用,支撑沿江地区经济社会的可持续发展。研究成果成功用于规划。该规划已批复并实施。

② 其他水利研究。2006—2014年,长江澄通河段综合整治工程研究,主要包括通州沙西水道整治、横港沙整治、铁黄沙整治、护漕港边滩整治工程潮流泥沙物理模型试验研究。

(3)有关航道整治等方面的研究

① 长江下游福姜沙河段深水航道双涧沙护滩工程。该项目为深水航道整治先导性工程,研究成果成功用于工程,工程于2011年完工,获2014年度水运科学技术奖一等奖。

② 长江南京以下深水航道整治一期工程、二期工程研究。该工程部省共建,是"十二五"期间全国内河水运投资规模最大、技术最复杂的重大工程。本模型进行了白茆沙、通州沙和福姜沙河段航道整治研究。研究成果已应用于工程之中。一期工程2012年实施,2014年7月交工验收;二期工程2015年6月29日正式开工,2018年5月8日全线试运行。

(4)有关港口规划方面的研究

主要有:苏州港(张家港港区、常熟港区、太仓港区)总体规划、南通港通海港区总体规划及太仓沿岸码头等相关试验研究。

(5)有关桥梁、电力等方面的研究

① 沪通长江大桥模型试验研究。沪通长江大桥为新建的沪通铁路控制性工程,是世界最大跨度的公铁两用斜拉桥、首座跨度超千米的公铁两用桥梁。研究成果成功用于工程。大桥于2014年03月01日开工建设,工期5年半。

② 其他桥梁、电力等方面的试验研究。主要有常熟发电有限公司扩建工程潮汐河工模型试验等。

6.2 模型试验控制系统的应用

6.2.1 模型智能水沙循环系统应用

6.2.1.1 泵房控制系统的应用

（1）泵房自动控制原理

采用2台混流泵给模型供水，智能控制柜既可以在泵房手动控制相对应的真空泵与电磁阀、电动闸阀和混流泵的启动和停止，也可以在泵房通过嵌入式一体化触摸屏自动完成上述操作，还可以通过串口服务器以太网总线接口，由工业控制计算机发送命令至嵌入式一体化触摸屏来控制完成上述操作。电动阀门1、2由智能自动控制柜控制各台混流泵抽真空，从而实现混流泵启动不需要通过人工启动，由软件实现启动功能，如图6-13所示。完成由人工到智能启动的质的飞跃，这是本系统控制的一大特点，形成本单元模块化和智能化。

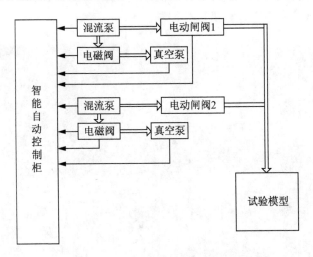

图6-13 泵房控制设备布置示意图

（2）泵房自动控制系统的应用

长江河口段模型水循环系统主要由地下水库、水泵房、进水管、量水堰、排水单元等组成（图6-14）。上游供水通过流量计或量水堰等设施与模型相连。在水循环系统中，混流泵启动时需要给混流泵抽真空，其时间的长短与地下水库的水位、进水闸阀关闭后的密封性等因素有关，一般短则1 min左右，长则超过 10 min,待达到一定的真空度后,再人工起动水泵电机,然后开启进水阀,水流通过进水管路加入模型,如果试验流量在 450 m³/h 时,需开启第 2 套水泵,其工作过程同第 1 套(图 6-15)。试验结束后,需先关闭进水阀,然后关掉水泵电机。上述工作以往全部由人工进行。

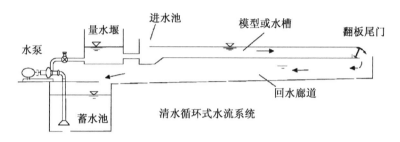

图 6-14 量水堰和尾门组合式生潮系统组成的水循环系统

泵房自动控制系统由带触摸屏的智能水泵控制系统、电动闸阀、真空泵等组成。

采用智能技术对泵房进行自动控制,整个过程由智能自动控制柜进行启动和停止工作,而智能控制柜有两种工作模式:现地和远程,现地由人工控制,远程则通过局域网由中心计算机进行控制。

图 6-15 长江河口段模型 1 号泵组

远程模式条件下,试验开始时,由中心控制计算机发出"泵组自动启动"命令,智能控制系统开始工作,自动检查进水闸阀是否关闭,没有的话,关闭进水闸阀,以保证抽真空工作的进行,然后启动真空泵,由传感器采集真空度值,一般小于－20 kPa 时，即自动启动水泵，智能泵房系统自动关闭真空系统，打开电动闸阀，完成水泵的自动启动工作，随即反馈水泵已启动的信息至中心控制计算机。待试验结束，中心控制计算机发出"泵组自动停止"命令，系统开始关闭进水阀门，接着关闭电机电源，泵组停止工作，随即反馈水泵已停止的信息至中心控制计算机。

将泵房智能控制系统切换至现地模式下，智能控制柜由试验人员现地控制，试验时，点击控制柜显示屏上的"泵组自动启动"和"泵组自动停止"等按钮（图 6-16），完成水泵的自动启动或停止工作。

由此可见，无论是现地模式还是远程模式，整个过程中，试验人员需要做的事情就是点击启动泵组或停止泵组的命令，以往费时费力的水泵启动或停止工作，由泵房智能控制系统代替，降低了试验人员的劳动强度，提高了试验工作效率。

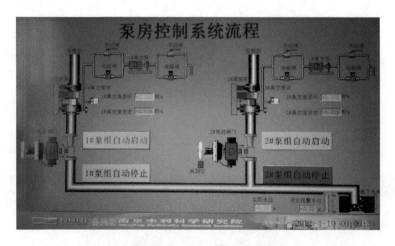

图 6-16　智能泵房系统工作界面

6.2.1.2　自动加沙系统的应用

动床模型试验中，输沙循环系统中主要包括搅拌桶、加沙设备和沉沙池等，其中加沙设备是整个系统的重点。以往模型试验中，加沙的方式较多，但大多是人工进行的。根据试验要求选定试验水文条件，其加沙量根据来水来沙的情况进行概化，图 6-17 为深水航道整治一期工程试验时一个平常水沙年的加沙曲线，模型冲淤时间比尺为 800，一个水文年约为 11 h。试验时，将按某个时间段内的加沙量分一次或几次加入搅拌桶中，由人工在规定的时间内将这些备好的含沙水体放入模型中。加沙量的多少、加沙时间的控制，即使试验经验非常丰富的人员，也不能保证做到准确无误。本次应用于模型的自动加沙系统，主要由智能控制系统、搅拌桶、电动控制阀门、输沙管道和传感器组成。

结合正在进行的常熟港区规划动床物理模型试验,加沙断面布置在模型通州沙沙头部附近,跨通州沙东水道和通州沙西水道。根据不同的动床模型试验水文条件,加沙量略有不同。将加沙曲线输入智能控制系统,智能控制系统根据某段给定时间段的模型总沙,自动控制加入模型中含沙水体的流量和含沙量,如图 6-18 所示。根据潮汐模型的特性,在动床模型试验段的上游,一般为落潮期加沙。

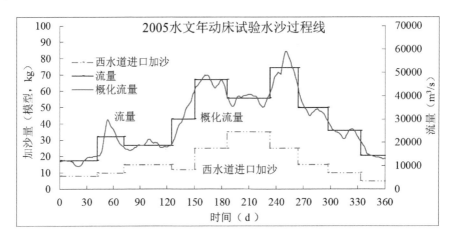

图 6-17　通州沙西水道进口加沙概化曲线

图 6-18　自动加沙系统示意图

6.2.1.3 模型智能水沙循环系统应用小结

泵房智能控制系统为单元模块化和智能化,完成由人工到智能启动的改进。现场应用表明,试验人员需要做的事情就是点击启动泵组或停止泵组的命令,以往费时费力的水泵启动或停止工作,由泵房智能控制系统代替,降低了试验人员的劳动强度,提高了试验效率。

自动加沙系统的成功应用,降低了试验人员的工作强度,提高了试验精度。

6.2.2 上游径流流量自动控制系统

6.2.2.1 原有的量水堰+扭曲水道径流控制方案

(1) 原流量控制系统的控制原理

在受径流影响的河口模型中,为模拟上游径流下泄,一般采用的方法有两种,一是由量水堰连接扭曲水道,二是采用变频器加双向泵进行控制。长江河口段模型使用的就是方法一。其径流控制原理是,用量水堰控制径流下泄的流量,用扭曲水道模拟潮流的上溯,扭曲水道的上边界为量水堰,下边界为模型进口,长江河口段模型扭曲水道实景如图6-19所示。

图6-19 长江河口段模型扭曲水道

理论上,如果扭曲水道的上边界能够模拟到潮区界,模型进口附近的潮位、流速和流量就能做到与天然相似。扭曲水道的上端的流量即上游径流,流量大小根据径流的大小进行调节。本模型量水堰为矩形薄壁宽顶堰。根据雷白克(T. Rehbock)堰流公式:

$$Q = \left(1.782 + 0.24\frac{h}{p}\right)BH^{3/2} \tag{6-21}$$

式中:Q 为流量,m^3/s;p 为堰高,m;B 为堰宽,m;H、h 为堰上水深,m;$H=h+0.001\,1(m)$

量水堰的控制,一般是通过堰顶水深来计算流量。在应用中,根据流量,通过试算,得到理论上堰上水面高程 H_1。

（2）原流量控制系统的局限性

量水堰连接扭曲水道的径流控制是传统的、运用较多的一种径流控制方式。其优点原理是控制简单,不需要复杂的设备就能做到对上游恒定径流的精确模拟。但是其缺点也比较明显,一是扭曲水道需要占用较大的试验场地,如上述长江河口段模型,其扭曲水道的面积就近 3 000 m^2,而模型面积约为 4 300 m^2,相当于模型面积的 70%;二是,如果上游径流有变化的动床模型,试验中需要对上游径流进行梯级概化,这会降低模型试验的精度;三是,由于模型扭曲水道的面积较大,会延长试验准备的时间。

6.2.2.2　上游径流流量自动控制系统

（1）流量控制系统的原理及组成

上游径流流量自动控制系统的原理为由轴流泵、双向泵、电磁流量计、电动蝶阀、PLC 和工控机组成的闭环径流控制方法。其自动控制原理是,由数学模型计算模型进口的流量过程,根据这个过程由计算机通过变频器控制双向泵转速,电磁流量计测量模型进口的流量 Q_2,与给定的流量 Q_1 进行比较,工控机根据差值 Q_2-Q_1 调节频率大小,使模型流量与给定流量尽可能一致,使差值减小,从而实现对模型进口的流量控制。

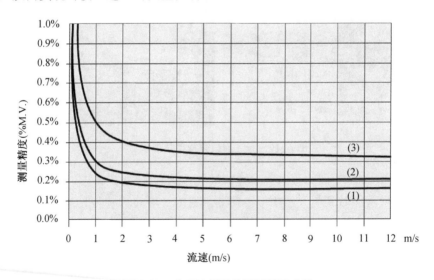

图 6-20　电磁流量计的测量精度曲线

在以往的模型设计中,流量的控制一般采用开环的控制方式,此次研究,拟用电磁流量计测量流量进行流量的闭环控制,这其中,流量计的选择显得尤为重要。结合数模计算结果,上游径流最大按 120 000 m³/s 计,涨潮流量最大按 50 000 m³/s 计,按流量比尺,模型流量分别为 660 m³/h 和 275 m³/h。考虑流量计组合在模型使用的测量精度,选用最大量程达 500 m³/h 的电磁流量计,由于电磁流量计对小流量测量的误差较大,经过比选研究,选用 2 台下水、1 台上水的流量计的组合方案。

　　双向泵选择口径 250 mm 的潜水贯流泵,4 m 扬程,最大流量 1 300 m³/h 左右,满足模型试验需要,如图 6-21 所示。对于径流的供应,模型采用 3 台混流泵,792 m³/h,22 kW,扬程 8 m。考虑以下几个因素:① 当上游径流较大的潮型如 98 洪水大潮时,现有单台水泵供水略有欠缺;② 经过 10 多年频繁地使用,设备老化,如混流泵抽真空系统,效率变低,费时,拟选用大于 1 000 m³/h 的水泵,以便单台水泵满足大流量试验要求。通过比选,选用扬程 6.3 m、流量 1 238 m³/h、电机功率为 37 kW 潜水轴流泵(350QH-72G)。

图 6-21　模型中由双向泵、流量计和电动蝶阀组成的径流生成系统

　　(2) 流量控制系统的特点及应用

　　流量控制系统具有以下几个特点:

　　① 省去了量水堰,利用电磁流量计控制径流,上游流量的变化可以通过控制曲线由新系统自动完成,不需要人工去调整量水堰的流量,可避免因为人工操作错误带来的误差,提高模型试验特别是动床模型试验的精度。

　　② 由于系统中模型进口流量由计算机进行自动控制,试验准备时间可大大缩短,提高了工作效率。据本模型对换一个水文条件进行试验的准备时间初步统计,相较于量水堰和扭曲水道流量控制,可由至少 30 min 缩短至 5 min 左右。

图 6-22 显示了双向泵、流量计和电动蝶阀组成的新流量控制系统控制效果，由图可见，模型径流控制效果较好，除小流量控制偏差稍大外，一般情况下流量控制偏差在 10 L/h 内。

在应用过程中发现，本径流控制系统，也带来如下值得重视的问题。一是增加不少试验仪器设备，数据的采集与传输也通过网络进行，控制设备和软件较以往复杂，这需要试验人员技术水平要有所提高；二是，模型进口附近的流量控制过程需要依赖天然实测或数学计算提供，会增加前期研究的工作量。

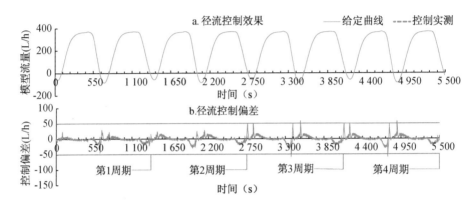

图 6-22 双向泵、流量计和电动蝶阀组成的新流量控制系统控制效果

6.2.2.3 径流流量自动控制系统应用小结

新系统应用后，模型控制精度满足试验要求，同时模型不需要占地面积较大、响应时间较长的量水堰和扭曲水道径流控制系统。

长江河口段模型以往动床试验时，往往是将上游径流概化为多梯级流量，试验中需人工进行调整。新系统的应用，上游流量的变化可以控制曲线由新系统自动完成，不需要人工去调整量水堰的流量，可避免因为人工操作错误带来的误差，可提高模型试验特别是动床模型试验的精度，有助于模型试验技术的发展。

由于新系统中模型进口流量由计算机进行自动控制，试验准备时间可大大缩短，提高了工作效率。

不过，新系统增加了不少试验仪器设备，对试验人员技术水平提出了更高的要求；另外，模型上游控制边界需要实测数据或数学计算提供，会增加前期研究的工作量。

6.2.3 下游潮汐模拟自动控制系统

长江河口段模型下游由两个口门：长江北支和长江南支，两口门的潮汐控制方式分别采用翻板式尾门和潮水箱式。下面分别就尾门潮汐系统和潮水箱潮汐系统在模型中的应用进行说明。

6.2.3.1 下游潮汐模拟自动控制原理

（1）尾门潮汐系统的控制原理

智能尾门潮汐控制系统组成：带触摸屏的控制系统、PLC、水位仪、尾门位置编码器、尾门电机驱动系统。

通过 PLC 采集尾门水位值和尾门位置，然后与设定值进行比较和 PID 计算，从而控制尾门电机驱动系统。本智能尾门模块可以存储多个潮位过程线，并且采用的是交流伺服驱动。

智能尾门潮汐控制系统有现地和远程控制两种模式。远程控制通过局域网与中心控制计算机相连。当远程控制时，由工业控制计算机通过串口服务器采集水位仪和编码器的数据，经过计算传送给电机驱动器以控制尾门的开度，从而实现尾门潮位过程的自动控制。本控制单元可以自身独立控制，又可以由工业计算机远程控制，实现了本单元的智能化和模块化。

（2）潮水箱潮汐控制原理

智能潮水箱潮汐控制系统由鼓风机、压力传感器、水位仪、两台起泄流作用的电动阀门、触摸屏和 PLC 组成。水位自动调节时，水位的变化由水位仪采集之后传送给 PLC 再与给定的水位值进行比较，然后由 PLC 控制风机的变频器。PLC 通过变频器调节鼓风机的进气量，水位过高时减小鼓风机的进气量，水位过低时增大鼓风机的进气量，从而实现潮位过程的自动控制，同时，当水量不平衡时，由 PLC 控制电动阀门，以保证潮位在可调的范围内。本智能潮水箱模块可以存储多个潮位过程线。

在实际调试时，需要掌握风机进气量由最大到最小对应的压力关系曲线，在潮水箱内装有压力传感器以测定不同进气量时潮水箱内的气压力，还需要掌握电动阀门的开度对应的水位过程关系曲线，以及掌握这两个控制参量的相关性以达到精确控制潮位的目的。

当远程控制时，由工业控制计算机通过串口服务器给 PLC 控制参数，实现控制鼓风机变频器以及电动阀门的调节功能。本控制单元可以自身独立控制，又可以由工业计算机远程控制，实现了本单元的智能化和模块化。

6.2.3.2 尾门和潮水箱潮汐自动控制系统的应用

（1）系统在模型中的布置

长江河口段模型中，以往尾门和潮水箱潮汐自动控制系统是采用 485 通讯进行，控制站水位的采集及控制指令的发出在模型中需要多根信号。

尾门智能控制系统和尾门电机驱动系统安装及布置见图 6-23。尾门潮汐控制系统触摸屏控制界面见图 6-24(a)，潮水箱潮汐控制系统触摸屏控制界面

见图 6-24(b)。

(a) 尾门智能控制系统　　　　　　　　(b) 尾门电机驱动系统

图 6-23　尾门潮汐控制系统

(a) 尾门潮汐控制系统触摸屏　　　　　(b) 潮水箱潮汐控制系统触摸屏

图 6-24　尾门及潮水箱潮汐控制系统触摸屏控制界面

（2）系统在模型中的应用效果

尾门和潮水箱潮汐控制系统有现地和远程两种工作方式。

现地模式中,可将控制曲线输入 PLC,由 PLC 自动控制电机驱动系统,由尾门或潮水箱完成生潮动作,也可以通过 PLC 所在的控制柜上的"涨潮""落潮"按钮来人工控制电机驱动系统,完成涨落潮动作。

远程模式中,中心控制计算机通过局域网连接尾门和潮水箱潮汐控制系统的 PLC,由中心控制计算机发出指令,尾门和潮水箱潮汐控制系统的 PLC 各自接收控制指令,控制电机驱动系统完成生潮动作。在主监控界面,分别有潮水箱控制、尾门控制、上游径流控制、泵房控制以及用于模型水量平衡的电动阀控制模块,以及预留的风泵变频器控制等模块。

图 6-25(a)和图 6-26(a)为模型试验中实际控制过程。蓝色曲线为给定的

控制过程线,橙色曲线为潮汐控制系统实际生成的潮位过程线。控制误差:

$$\Delta h_i = 10 \times (h_i' - h_i) \tag{6-22}$$

式中:Δh_i 为 i 时刻的控制误差,mm;i 为控制时刻,s;h_i' 为 i 时刻实测潮位,cm;h_i 为 i 时刻给定潮位,cm。

控制误差 Δh_i 见图 6-25(b) 和图 6-26(b),控制潮型为原型 1 d 的时间,相当于模型 1 375 s,共 4 个周期。由图可见,控制系统刚启动时控制偏差稍大,经过半个周期的运行,控制偏差稳定在 ±0.3 mm 内,局部时刻的最大偏差达 0.5 mm,但持续时间一般不超过 3 s,表明潮汐控制系统的精度较高。

由图 6-25 和图 6-26 潮水箱和尾门的控制效果来看,周期 2、周期 3 和周期 4 的控制效果基本一致,涨落潮的控制偏差接近。图 6-27 为这 3 个周期的控制对比结果,表明控制系统的有着较好的稳定性和重复性。

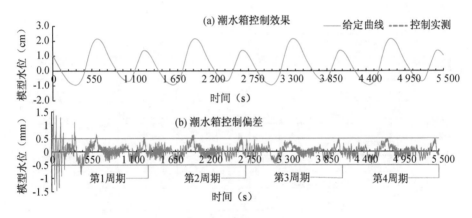

图 6-25 潮水箱潮汐控制效果

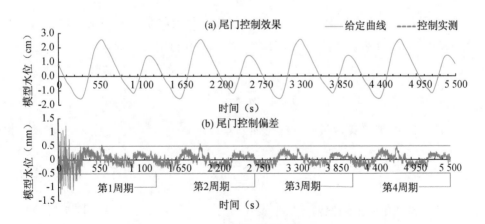

图 6-26 尾门潮汐控制效果

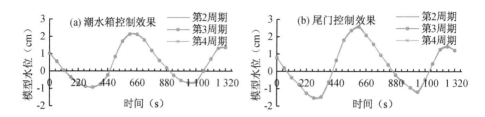

图 6-27　模型重复性试验情况

下面对模型控制偏差进行进一步分析。图 6-28 为潮水箱和尾门控制偏差的控制偏差 FFT 频域分布。由图可见,潮水箱的 Frequency 值一般在 ±0.5 mm 内,主要分布在 −0.08～+0.08 mm 区间;尾门的 Frequency 值一般在 ±0.5 mm内,主要分布在 −0.05 mm～+0.05 mm 区间。这表明潮汐控制系统的精度较高。

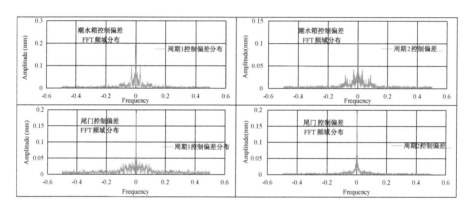

图 6-28　潮水箱和尾门控制偏差的控制偏差 FFT 频域分布

利用测量数据求均值。设样本的一组观察值或收集到的一组数据为 X_1,X_2,X_3,$\cdots$,X_n,n 个数据的算术平均值(或称为均值)用 $\overline{X}$ 表示:

$$\overline{X} = \frac{1}{n_1} \sum_{i=1}^{n_1} X_i \tag{6-23}$$

进一步,反映数据离散程度的总体方差:

$$S_1^2 = \frac{1}{n_1 - 1} \sum_{i=1}^{n_1} (X_i - \overline{X})^2 \tag{6-24}$$

潮水箱和尾门控制偏差分析见表 6-5。由表可见,4 个周期的控制偏差的均值在 0.019～0.025 mm 之间,相差不大,但标准差和最大偏差各个周期略有不同,主要表现在周期 1 的控制精度稍差,潮水箱的标准差和最大偏差分别为 0.085 和 1.530 mm,尾门的标准差和最大偏差分别为 0.068 和−1.238 mm,第 2 周期中,上述数字明显减小,潮水箱和尾门的最大控制偏差为 0.620 mm 和 0.576 mm,接近本系统的±0.5 mm 控制精度要求;第 3 周期中,上述统计值均比第 1 周期有进一步减小趋势,潮水箱控制偏差的均值、标准差和最大偏差分别为 0.021 mm、0.033 和 0.495 mm,尾门控制偏差的均值、标准差和最大偏差分别为 0.023 mm、0.027 和 0.443 mm,最大控制偏差满足控制要求;第 4 周期的数据与第 3 周期基本一致。这也反映本控制系统经过 1 个控制周期的运行调整,第 2 个周期开始基本满足控制精度要求,第 3 周期及以后的周期,满足控制要求且重复性很好。

以上分析可见,本模型控制系统的控制精度满足设计要求,而设计的控制精度较《海岸与河口潮流泥沙模拟技术规程》(JTS/T 231—2—2010)的精度高一倍。

表 6-5　潮位重复性测量数据误差分析(天生港站为例)

统计周期	潮水箱控制偏差统计			尾门控制偏差统计		
	均值(mm)	标准差	最大偏差(mm)	均值(mm)	标准差 S_i^1	最大偏差(mm)
周期 1	0.025	0.085	1.530	0.024	0.068	−1.238
周期 2	0.019	0.038	0.620	0.019	0.033	0.576
周期 3	0.021	0.033	0.495	0.023	0.027	0.443
周期 4	0.019	0.033	0.495	0.022	0.028	0.480

说明:每周期的统计数据数为 1 375 个;控制系统要求的最大控制偏差为±0.5 mm。

6.2.3.3　小结

长江河口段模型中,以往尾门和潮水箱潮汐自动控制系统是采用 485 通讯进行,控制站水位的采集及控制指令的发出,需要铺设 4 根以上的信号线来进行。新的智能控制系统实施后,由 1 根网线与中心控制计算机相连即可。试验时,尾门或潮水箱即可由智能控制柜在现地根据给定曲线完成涨落潮过程,亦可由中心控制计算机总控,可方便进行试验调试。改造后潮汐控制效果满足试验要求,从控制精度来看,改造后略好于改造前。

6.2.4　试验室监控系统

试验室监控系统是由摄像、传输、控制、显示、记录登记 5 部分组成。摄像机通过同轴视频电缆将视频图像传输到控制主机,控制主机再将视频信号分配到各监视器及录像设备,同时可将需要传输的语音信号同步录入到录像机内。

通过控制主机，操作人员可发出指令，对云台的上、下、左、右的动作进行控制及对镜头进行调焦变倍的操作，并可通过控制主机实现在多路摄像机及云台之间的切换。利用特殊的录像处理模式，可对图像进行录入、回放、处理等操作，使录像效果达到最佳。

长江试验厅的网络视频监控系统采用以数字硬盘录像机 NVR 为核心的半模拟—半数字方案，即从摄像机到 NVR 采用同轴缆输出视频信号，通过 NVR 同时支持录像和回放，并可支持有限 IP 网络访问。

在试验场地核心区域安置高灵敏度摄像头，监控模型试验过程，并通过宽带网络远程获取视频数据。

试验监控系统摄像头共布置了 10 个，其中球机 6 个，枪机 4 个，图 6-29 为监控摄像头布置示意图。球机光学焦距 20 倍，数字变倍 16 倍，水平范围内可 360°连续旋转，垂直范围内可−5°～90°自动翻转。单个镜头可以清楚地对 50 m 范围内的模型试验情况进行监控。图 6-30 为安装在模型上的球机 4。

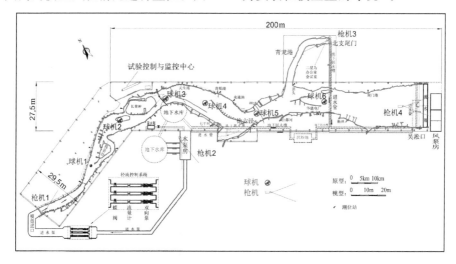

图 6-29　试验监控系统监控摄像头布置示意图

图 6-31 为监控系统的监控效果。

监控系统安装后，现阶段其作用主要体现在以下三方面：

① 在中心控制试验室里，可方便地观察模型试验情况，如水流情况，而且这种观察视角是以前没有的，这大大提高了模型试验的水平；

② 可以方便地观察模型上各种仪器设备的运转情况及工作人员试验时操作是否规范等，提高了试验工作效率和试验精度；

③ 利用监控的回放功能，进一步观察试验过程，对于试验成果有疑问的，有可能从中查出问题所在。

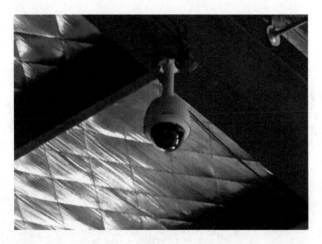

图 6-30 安装在试验厅中的监控摄像头

图 6-31 试验监控系统效果

6.2.5 试验控制中心

试验控制中心的平面布置见图 6-32 左图,由潮汐模型测量与控制系统、模型监控控制系统组成,两系统间采用网络进行通讯。

潮汐模型测量与控制系统包括:上游径流自动控制系统、下游潮汐模拟控制系统、自动加沙系统以及模型试验数据采集系统,可以进行上游径流、下游潮汐控制,水位、流速、流量和含沙量等数据采集,试验控制、数据采集和试验监控服务器见图 6-32 右图。各子系统间与主系统间采用网络进行通讯;模型监控控制系统主要包括监控摄像头、录像存储、显示屏云台控制等,主屏显示可根据需要显示监控摄像头的图像、潮汐模型测量与控制系统控制界面、数据采集界面等,显示效果见图 6-33。

图 6-32　试验控制中心及试验控制、数据采集和试验监控服务器

图 6-33　试验监控系统效果

6.2.6　实验室管理系统

　　实验室管理系统以数据库存储技术为基础,结合网络化技术,将实验室的业务流程和实验室各类资源以及行政管理等以合理方式进行管理。实验室信息管理系统可以实现实验室人员信息管理、文档资料信息管理、设备信息的管理以及日志信息的管理。功能有添加、删除、查看员工信息,上传和下载文档资料信息,添加、查看设备信息还有员工日志信息的管理等。实验室信息系统在

一定程度上提高了实验室信息管理的效率,降低了实验室运行成本并且体现了快速溯源和痕迹,使传统实验室手工作业中存在的许多弊端得以顺利解决。

6.3 模型试验数据采集系统应用

6.3.1 河口海岸模型试验主要量测设备

河口海岸模型试验量测的主要是水位、流速、流量、流场及流迹线、含沙量、泥沙颗粒级配、地形以及波高、压力和总力等数据。

参数测量采用无线传输,传输的形式有两种,一是采用 485 总线组网,可以采用 433 M 频段的超短波进行无线传输;二是采用以太网或 WiFi 技术,方便地连接以太网实现网络化水位、流速的采集和系统的网络化管理。

河工模型试验中主要量测的数据有水位、流速、流量、流场及流迹线、含沙量、泥沙颗粒级配、地形以及波高、压力和总力等。结合长江南京以下深水航道整治二期福姜沙整治工程潮流泥沙物理模型试验和常熟港区规划潮流泥沙物理模型试验,对测量水位、流速、流场、含沙量、地形等参数的仪器进行了应用。

6.3.2 水位仪的应用

在河口海岸物理模型中,沿程水位随时间而变,水位自动检测是必不可少的。此外,尾门潮汐控制、口门开启时间和速度控制以及入流、出流数字量水堰堰上水头检测与控制也都与水位检测有关。因此,水位检测是非恒定流水力模型中最关键的测试项目之一。本次应用于长江河口段模型的水位仪主要有:光栅步进跟踪式、无线高精度码盘式和无线超声波式,技术参数见表 6-6。

表 6-6 三种水位仪主要技术参数

类别		光栅步进跟踪式水位仪	无线高精度码盘式水位仪	超声波式水位仪
技术指标	测量范围	0~400 mm	0~400 mm	100~600 mm;
	分辨率	0.01 mm	0.01 mm	<0.1 mm
	测量精度	0.1 mm	0.1 mm	0.1 mm
	数据传输	有线、无线	有线、无线	无线
	跟踪速度	≥2.0 cm/s (速度可调节)	≤75 cm/s (速度可调节)	非接触式测量

续表

类别	光栅步进跟踪式水位仪	无线高精度码盘式水位仪	超声波式水位仪
技术简介	采用跟踪法测量水位,利用电桥平衡方法测量水电阻值,通过光栅尺记录的移动位移值得到探针移动的相对值,从而计算出水位的变化值。特点:跟踪速度快,测量精度	由高精度光电式绝对编码器、交流伺服电机、传动齿轮和水位探针等组成。含柔性补偿齿轮可自动调整系统齿轮间隙。特点:稳定性好,结构刚性强,受力变形小等优点	特点:采集频率高,体积小,安装方便;非接触式测量,不扰流;不受水体介质影响。适用范围:模型试验测量,实验室水力学基础理论研究,空间、载重受限场合
应用于长江河口段模型的水位仪照片			

本次应用模型布置了上述水位仪共 15 台,利用本河段 2015 年 8 月最新实测的水文资料(测验布置见图 6-34),对模型水位进行验证,一是检验模型的合理性,二是检验水位仪的性能。

图 6-34　工程河段 2015 年 8 月水文测验布置示意图

图 6-35 为模型水位过程线验证情况,由图可见,由两种新水位仪测得的水位数据,与原型实测数据相比,各潮位站潮位过程线模型与天然吻合程度较好;模型各潮位站潮位与天然实测潮位相比,差值一般在 10 cm 内,符合《海岸与河口潮流泥沙模拟技术规程》(JTS/T 231—2—2010)要求。

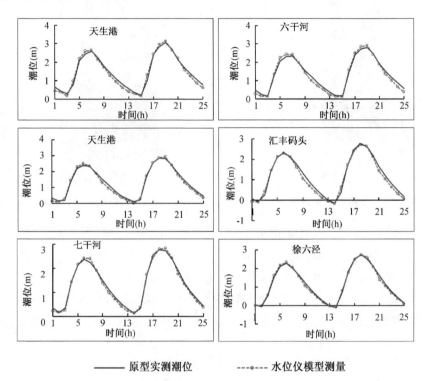

———— 原型实测潮位　　-----○----- 水位仪模型测量

图 6-35　新水位仪实测的水位与实测水位过程比较

6.3.3　流速采集设备的应用

本河工模型系统研究的流速采集设备有无线测速仪和声学多普勒流速仪(ADV)。

智能无线测速仪(图 6-36)起动流速低,旋桨叶片通过理论论证,采用高水平的制模工艺,返修率低,稳定性好;采用标准集成化芯片、设计紧凑、性能稳定,外观一体化设计,防水效果好,入水体积小;无线实时在线收发,且多台设备共同测试时,保证数据的同步性。测杆内部含有可充电锂电池,模型使用时实现任意布点。

本次研制的超声多普勒流速仪(ADV)(图 6-37),采用先进声学多普勒测速技术,采用遥距测量方式,能对探头前方一定距离位置的微小水团进行二维、三维流速测量。该仪器具有以下特点：

图 6-36　智能无线测速仪　　　　**图 6-37　超声多普勒流速仪现场测试**

① 智能记忆，嵌入智能芯，海量数据安稳记忆，测量数据管理无忧；

② 无线便捷：全球首款无线流速测量设备，摆脱有线束缚，实验量测环境更整洁、操作更顺畅，支持 WIFI 数据传输，海量数据一键下载；

③ 多台同步：同步控制模块支持多台 ADV 同步测量，数据统一管理。

主要技术指标：流速测量范围为 0.02～3 m/s；测量精度为 ±1%（流速≥0.5 m/s）、±5%（流速<0.5 m/s）。

本次应用在模型布置了上述智能无线流速仪共 13 台（图 6-38），利用本河段 2015 年 8 月最新实测的水文资料，对模型流速进行验证，一是检验模型的合理性，二是检验流速仪的性能。

图 6-38　智能无线流速在模型中的应用

图 6-39 为模型流速过程线验证情况，由图可见，新型智能无线流速仪测得

的流速数据,与原型实测数据相比,各流速测点流速过程线模型与天然吻合程度较好;模型流速值与天然实测流速相比,偏差一般10%内,符合《海岸与河口潮流泥沙模拟技术规程》(JTS/T 231—2—2010)要求。

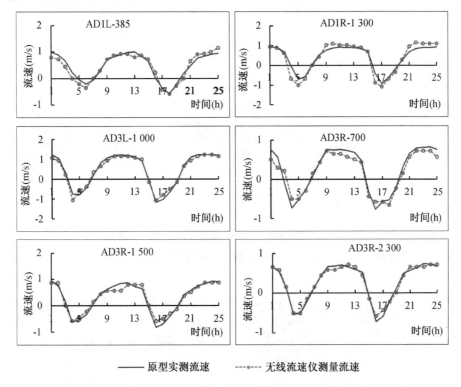

—— 原型实测流速　　-----●----- 无线流速仪测量流速

图 6-39　新水位仪实测的水位与现场实测水位过程比较

6.3.4　表面流场测量系统的应用

本次在模型中应用的 DPIV 表面流场测量系统,结合粒子图像测速技术、数字图像处理等技术获得一体化的流迹线,从而测得大范围的表面流场。该系统采用无线网络传输,安装简便、摄像头数量可扩展至数百台,可同时采集特大范围的流场。

单个镜头的测量范围为 800 m²(摄像头安装高度 8 m);测量精度<5%;各个摄像头的数据传输采用无线网络传输。该系统可应用于水利模型试验大范围表面流场测量及实验室水动力紊流研究等。

本次表面流场测量系统在长江河口段模型中计划布置 50 个摄像头,为配合常熟港区规划模型试验研究,应用了 17 个镜头,其布置见图 6-40。

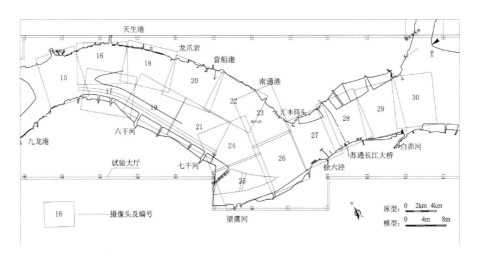

图 6-40　新研制的 DPIV 系统在长江河口段模型中布置示意图

图 6-41 为该 DPIV 表面流场测量系统测得的工程河段流场。由图可见，反映了工程河段的落急流场情况及工程河段滩槽的流态分布格局，可为试验研究使用。

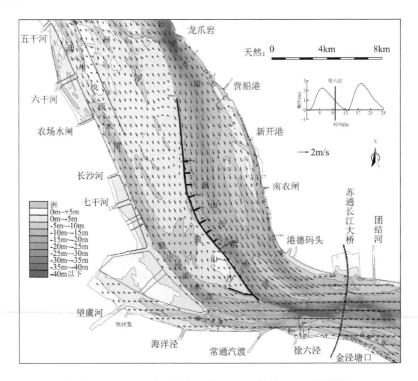

图 6-41　DPIV 表面流场测量系统测得的工程河段流场

根据计算,可用本 PIV 系统测得的粒子数据计算工程河段指定点的表面流速过程线,进而可分析工程实施前后流速过程变化、涨落急流速或平均流速的变化,模型验证时则可以用来验证模型测点与原型实测测点流速的相似性。图 6-42 即为本表面流场测量系统测得的粒子数据经处理后的模型表面流速与原型流速的比较。由图可见,表面流场测量系统测得的流速数据,与原型实测数据相比,各流速测点的流速过程线模型与天然吻合程度较好;模型流速值与天然实测流速相比,偏差一般 10％内,既表明 PIV 系统测量流速有较高的精确性,又表明了模型与原型的相似性较好,符合《海岸与河口潮流泥沙模拟技术规程》(JTS/T 231—2—2010)要求。

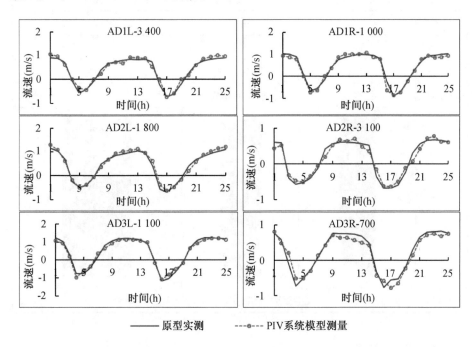

图 6-42　DPIV 系统测量的模型流速与原型实测流速过程线比较

6.3.5　含沙量采集

测沙仪主要用于测量水体的含沙量,是河口海岸泥沙模型实验中一个重要的测量仪器。其测量精度和测量效率直接决定泥沙模型试验的准确性和可靠性。

无线含沙量测量仪采用透射光与散射光相结合的测量方法,利用光电检测器件检测透射光与散射光随含沙量浓度变化而衰减的量并转换成电量,从而得到电量与含沙量之间的关系曲线。南京水利科学研究院研制了几款无线含沙量测量仪，采用特有的无线传输设计，实现实验任意布点，支持多台无线含沙量测量仪同步实时测量，即插即用，替换方便，如表 6-7 所示。

表 6-7　三款无线含沙量测量仪技术指标

技术指标	产品 1 无线含沙量测量仪	产品 2 无线含沙量测量仪	产品 3 基于侧向补偿的 无线含沙量测量仪
测量原理	光电式	光电式	光电式
光源	红外光	可见光	红外光(可调)；
测量范围	$0\sim50~\text{kg/m}^3$	$0\sim130~\text{kg/m}^3$	$0\sim70~\text{kg/m}^3$；
测量精度	5%	5%	5%
数据传输	无线	有线/无线	无线
供电方式	锂电池	锂电池/电源	
实例			
应用领域	模型试验测量、实验室泥沙基础理论研究		

6.3.6　地形采集

由于河工模型地形数据的重要性和采集精度以及采集效率的高标准要求，传统的测针或钢尺测量法，以及采用经纬仪和水准仪的地形测量方法已经不能满足需要。近年来，随着激光、超声波、光学、计算机以及图像处理等先进技术的发展，逐渐研制出了光电反射式地形仪、电阻式冲淤界面判别仪、超声地形仪、激光地形仪等。河工模型地形测量技术正在由人工测量向自动测量、从接触式测量向非接触式测量、从单点向多点测量发展。

南京水利科学研究院研制的非接触式三维地形仪将激光与超声波技术相结合，充分发挥激光水上高精度测距与超声波水下传播性能好的特点，对水流和床面无干扰,实现水上及水下地形的大范围非接触测量。该地形仪具有测量精度高、测量范围大、定位精度高,简单易操作等优点,还具有挠度动态矫正系统,配套的地形轨道可以任意扭曲行走(图6-43)。

主要技术指标:非接触式测量水上及水下地形;测量精度:±1 mm;无线控制及现场触摸控制。

图 6-43　LTS 非接触式地形仪

6.3.7　小结

现阶段在本模型中应用的试验采集设备主要有水位仪、流速仪、DPIV 表面流场测量系统和水位仪性能参数测试平台等。参数测量采用无线传输,大大简化了试验中仪器布设工作;新的 DPIV 表面流场测量系统试验操作较以往的 VDMS 系统简便,提高了工作效率。模型应用效果表明,各仪器设备的测试结果均满足试验规范的要求。

6.4　河工模型试验具体应用实例

6.4.1　长江南京以下深水航道整治研究

长江南京以下深水航道工程是继长江口深水航道治理工程之后的又一重大水运工程,有 6 处浅滩需要治理。本模型所在的长江河口段地区,有福姜沙、通州沙、白茆沙(简称"三沙")3 个水道需要进行整治,其中一期工程为通州沙和白茆沙整治工程。由于工程河段处于长江河口潮流界以下,受上游径流及下游潮汐影响,水流条件复杂,浅滩冲淤变化,汊道兴衰影响到航道维护和发展。拟通过物理模型试验,研究三沙河段各汊道水动力条件,泥沙输移规律;提出相应的整治措施,研究航道整治工程对各汊道的影响,确定整治通航汊道,比选和优化工程方案。

研制的水沙关键量测仪器及智能控制系统为深水航道整治工程的模型试验研究提供了先进的技术支撑,为工程方案的优化提供了技术保障。

6.4.1.1 一期工程潮流泥沙物理模型试验研究

（1）试验水文条件

定床试验水文条件有 5 个:洪季大潮、平均流量大潮、枯水大潮、97 风暴潮和 98 洪水大潮。动床模型试验水文条件有 4 个:1 个 2005 平常水沙年、1 个 2010 丰水年、1 个 1998 大水年和 2009—2011 年 3 个连续水文年。

（2）深水航道整治一期工程布置

在前期数学模型研究等的基础上,通过定、动床物理模型试验,从工程实施后水动力变化、河床冲淤变化、航道条件改善情况和河势稳定等方面,对初步设计阶段的工程方案进行优化比选,最后提出了最终的长江南京以下 12.5 m 深水航道一期工程布置方案(图 6-44)。

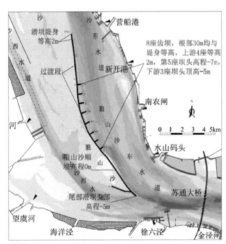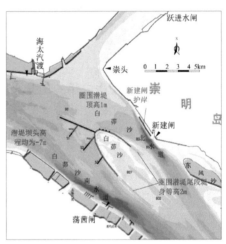

图 6-44　福姜沙、通州沙、白茆沙深水航道整治方案

（3）航道整治工程模型试验主要效果

模型试验照片见图 6-45。

研究表明,整治工程实施后,通州沙、狼山沙和白茆沙滩地工程后有所淤积,均起到了固滩的效果,遏制了通州沙、狼山沙及白茆沙冲刷后退的趋势,有利于通州沙、狼山沙和白茆沙沙体的稳定。工程实施前,通州沙、白茆沙水道水深条件相对较好,只是在通州沙水道南农闸以下和白茆沙水道太海汽渡附近航道内局部水深不足 12.5 m。试验结果表明,工程实施后,经过 2 个平常年或者 1 个丰水年后,规划航道内 12.5 m 槽是贯通的,但局部航宽不足 500 m,稍加疏

图 6-45　12.5 m 深水航道通州沙、白茆沙整治工程试验研究

浚,可满足 500 m×12.5 m 的航道要求。

(4) 物理模型模拟应用效果

目前,本模型有关福姜沙、通州沙和白茆沙深水航道整治工程潮流泥沙物理模型试验研究成果已成功用于工程设计中。本书研究的有关三沙河段航道整治工程,主要有:① 双涧沙守护工程,为福姜沙深水航道整治起步工程;② 深水航道整治一期工程(通州沙、白茆沙河段整治工程)。其中双涧沙守护工程已于 2010 年年底开工,2012 年 5 月完工;通州沙、白茆沙深水航道工程已于 2012 年 8 月开工,2014 年 7 月提前完工,目前进入试通航阶段。

双涧沙守护工程现场工程应用效果分析表明,守护工程实施后,双涧沙得到有效守护,沙头冲刷后退现象基本中止,腰部窜沟开始淤积,为稳定福中、福北分流口位置及稳定福姜沙河势奠定了基础。

守护工程实施后,福姜沙河段局部流场、地形和泥沙环境等都有了明显的改善;实测水文、地形条件的变化总体上与前期预测研究成果基本一致;双涧沙守护工程的实施对福南水道的影响总体不大,碍航浅段区水深条件略有改善;福北水道进口段仍受上游靖江边滩的切割,底沙下移影响,水深变化较为剧烈,工程基本稳定了福北和福中水道的分流口位置,所引起的水动力的改变对福北水道进口段长期利好;福中水道进口段冲刷发展,浏海沙水道槽宽水深,工程后深槽总体表现为南淤北冲、总体容积略有增加。工程对上下游河段影响很小。

双涧沙守护工程的建设为福姜沙水道深水航道的建设和维护创造了良好的水沙环境,工程河段河势稳定性得以增强,进一步稳定了福姜沙河段总体河势格局,且未对周边河势及主要涉水工程产生明显不利影响,整治效果显著。

深水航道整治一期工程现场工程应用效果分析表明,模型试验研究成果与实测水文资料动力变化基本一致。且从实测地形比较图可以看出,随着长江南京以下深水航道一期工程的实施,狼山沙、白茆沙冲刷后退的趋势得以遏制,工程掩护区内有所淤积,航槽水深条件总体趋好;同时白茆沙南侧齿坝前沿动力有所增强,南侧齿坝前沿 12.5 m 线贯通,这与模型试验结果是一致的。

通过一期工程实施前后动态监测的水沙、地形资料的分析,一期工程实施以来,狼山沙、白茆沙冲刷后退的趋势得以遏制,滩面得到有效保护,航道浅段动力有所增强,通州沙东水道、狼山沙东水道、白茆沙南水道河槽冲刷,航道疏浚量较小,在预估计范围内,少量疏浚后航槽即可满足 12.5 m 深水航道的要求,表明一期工程的实施达到整治效果,达到了"固滩、稳槽、导流、增深"的整治目标。

6.4.1.2 二期工程福姜沙水道工程动床模型研究成果分析

(1)基本情况

福姜沙水道是南京以下河段航道治理的难点,也是长江口深水航道进一步向上延伸的关键控制河段之一。在长江南京以下 12.5 m 深水航道建设一期工程交工验收、双涧沙护滩工程施工完成的条件下,为实现 12.5 m 深水航道上延至南京的目标,需在双涧沙护滩工程的基础上对其进行治理,从而实现长江口 12.5 m 深水航道初通至南京。依据现场最新实测资料分析,在前期数学模型、定床物模研究的基础上,针对初步比选的航道整治方案,进行动床物理模型试验,研究本河段航道治理工程总平面布置不同方案的预期效果,配合初步设计与施工图设计提出工程总平面布置优化方案,为福姜沙水道 12.5 m 深水航道初步设计提供技术支撑。其方案布置(图 6-47)及双涧沙潜堤沿程高程变化见图6-46。

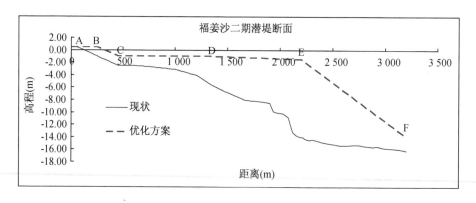

图 6-46 各方案双涧沙潜堤高程沿程变化

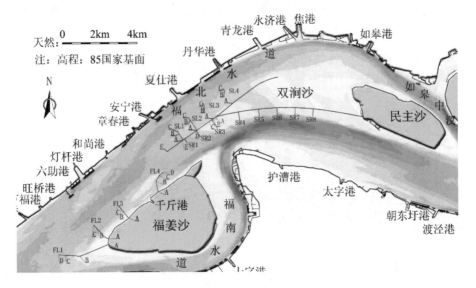

图 6-47 优化方案布置图

动床模型试验条件:1 个 2008 平常水沙年、1 个 2010 丰水年、1 个 1998 大水年和 2009—2013 年 5 个连续水文年。

(2)工程实施后河床冲淤变化(图 6-48)

福姜沙左汊河床冲淤:FL1、FL2 头部下出现局部冲刷坑,其中 FL1 拐头丁坝下局部冲刷坑较大,丰水年最大冲刷坑深度达 10 m 左右。FL1、FL2 丁坝前沿冲刷,冲刷一般在 0.5~1 m。福姜沙左汊进口位于靖江一侧河床有所淤积,旺桥港以下江中心滩冲刷,其中和尚港至章春港附近心滩冲刷较大,丰水年年冲深在 2~3 m。丰水年福北水道进口段总体呈中间冲刷,两侧淤积,左侧靠双涧沙一侧淤积主要是受疏浚回淤影响,右侧靠双涧沙一侧主要是丁坝之间淤积,夏仕港以下至如皋港河床总体为左冲右淤,夏仕港至丹华港深槽冲刷,青龙港至焦港凸岸一侧淤积,丰水年淤厚在 0.5~1 m,如皋港以下河床冲淤相间,冲淤幅度在 1 m 左右。

福中水道总体为冲刷,其中 SR1 与 SR2 丁坝间冲刷,局部冲深丰水年在 10 m 左右,福中水道靠福姜沙一侧为淤积,主要受 FL4 丁坝掩护作用,靠双涧沙一侧河床冲刷,水流沿福中水道左侧而下,福中水道右侧水动力条件减弱,丰水年淤厚在 2 m 左右。

浏海沙水道位于双涧沙、民主沙的右缘冲刷,其受冲一方面与主流靠双涧沙、民主沙右缘有关,另一方面其岸坡较陡,易冲刷崩塌。浏海沙水道主槽淤积,护槽港以下至朝东圩港,丰水年淤厚在 1~2 m。

福南水道进口主槽有所淤积,淤厚一般在 0.5 m 左右,进口位于福姜沙头部右侧,有所冲刷,丰水年最大冲刷在 2 m 左右。

福南水道弯道段呈左淤右冲,凸岸侧淤积,凹岸深槽冲刷。1 个丰水年凸岸一侧淤厚在 1 m 左右,凹岸侧冲刷丰水年在 0.5 m 左右。

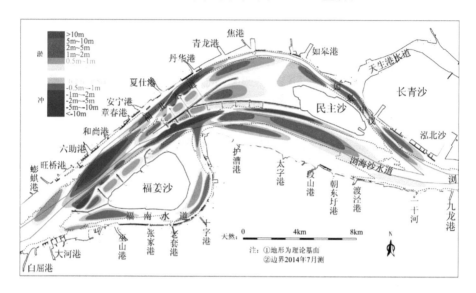

图 6-48 工程实施后河床冲淤变化(丰水年)

(3) 工程实施后引起的河床冲淤变化(图 6-49)

福南水道工程前后冲淤变化为:进口靠洲头 FL1 丁坝一侧冲刷,深槽略淤积。弯道段进口段右侧深槽冲刷,弯道下段凸岸一侧淤积,冲淤变化幅度在 0.5 m 左右,福南出口段深槽总体有所冲刷,工程后福南水道分流比增加,沿程流速增加,河床总体有所冲刷。

福姜沙左汊河床工程后与工程前相比,江中心滩有所冲刷,丰水年冲刷变化幅度在 1 m 左右,FL1—FL4 坝田内淤积,淤厚在 0.5 m 左右。福中水道靠双涧沙潜堤侧冲刷较深,丰水年局部冲刷达 10 m 以上。福北水道偏北航道安宁港至夏仕港疏浚区航道内淤积,丰水年最大回淤厚度 2 m 左右,福北水道丁坝前沿冲刷,福北水道靠双涧沙潜堤头部附近 1 个丰水年有所淤积。

(4) 河床地形及航道水深条件分析(图 6-50)

丰水年福姜沙左汊南侧航道水深基本满足 12.5 m 水深要求,福中航道水深为 12.5 m 槽贯通,位于航道右侧局部水深不足 12.5 m 要求。浏海沙水道,航道水深满足 12.5 m 水深要求。福姜沙左汊北侧航道旺桥港附近 1 个丰水年航道水深基本满足 12.5 m 水深要求。六助港至章春港航道水深满足 12.5 m

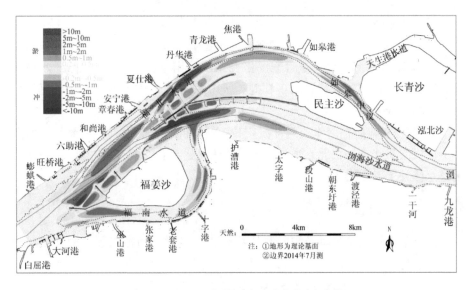

图 6-49　工程引起的河床冲淤变化(丰水年)

水深要求。丰水年安宁港至夏仕港间福北偏北航道中断,由于疏浚回淤,航道内 12.5 m 线中断距离约 2.4 km。丹华港以下航道内水深基本满足 12.5 m 水深要求。

福姜沙左汊偏南水道位于左汊主深槽,丰水年航道内水深满足 12.5 m 要求,工程后福中水道航道水深增加,航道内 12.5 m 槽贯通,在 SR2 丁坝对开,位于航道右侧,局部水深不足 12.5 m。福南水道,进口及弯道段进口,12.5 m 线中断,福南水道 10 m 槽贯通,工程后水深条件总体有所改善。

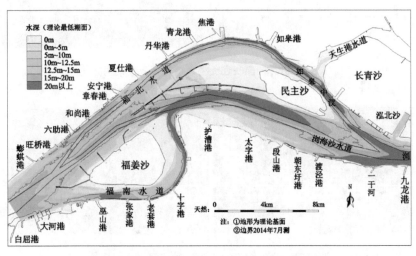

图 6-50　工程实施后河床地形(丰水年,理论基面)

（5）试验小结

① 工程实施后，双涧沙潜堤越滩流分布趋于均匀，碍航浅区流速有所改善。

② 福姜沙整治工程实施后三汊格局基本稳定，福姜沙左汊心滩随水情不同有所冲刷下移；双涧沙沙体、丁坝掩护区内总体成淤积趋势，有利于双涧沙沙体滩型的塑造。

③ 工程实施后福南水道内冲淤交替，总体冲淤变化相对较小，浏海沙水道中下段成淤积状态。福北水道进口有所淤积，夏仕港以下有所冲刷发展；福中水道总体处于发展之中。

6.4.2　大型过江通道的研究

研制的水沙测量仪器及智能测控系统为大型过江通道工程的模型试验研究提供了先进的水沙测量技术，为工程方案的设计优化提供了技术方案。

6.4.2.1　沪通长江大桥潮流泥沙物理模型试验研究

（1）工程概况

大桥位于长江澄通河段南通水道上段锡通公路过江通道处，北接南通、南连张家港，横跨天生港水道、横港沙和南通水道（图6-51）。采用铁路四线、公路六车道的公铁合建方案，总长11.3 km。主航道桥采用主跨为1 092 m的两塔五跨斜拉桥方案，布置见图6-52。

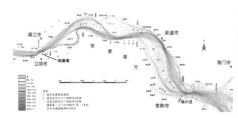

图6-51　沪通长江大桥地理位置及效果图

图6-52　沪通长江大桥定床、动床河工模型试验

（2）模型试验水文条件分析

为研究沪通长江大桥实施后的水动力变化和河床冲淤变化，需进行定床和动床物理模型试验。考虑大桥的模型试验研究主要为了对工程实施后防洪影响、通航安全以及为桥梁设计提供参数，下面分别对定床和动床模型试验水文条件进行分析。

首先分析定床模型试验水文条件。在前期河床演变分析和水文分析等研究的基础上，考虑沪通长江大桥建设按100年一遇水文条件设计、300年一遇水文条件进行校核的特性，选用以下8个试验水文条件进行研究：洪季大潮，枯季大潮，平均流量大潮，97风暴潮，98洪水大潮，20年、100年和300年一遇水文条件。动床试验水文泥沙条件主要有平常水沙年、百年一遇水文年和3个大水水文年。

（3）工程实施后整治效果

建桥引起的近岸高、低潮位最大壅水小于0.05 m，各站潮位过程没有明显变化，对潮位的影响范围为拟建桥址上游约3 km、下游约2 km，建桥对长江行洪、排涝影响较小；建桥后断面流速分布和各汊道的分流比没有明显变化；由于桥墩对水流的挤压作用和桥墩扰流，桥位附近河床冲刷，南通水道主槽冲刷幅度较大，主槽两侧冲刷相对较小，滩槽格局没有发生改变，建桥对河势没有明显影响；澄通河段规划整治工程实施有利于桥址附近河段河势稳定；大桥工程适应规划整治工程实施后的河势变化。

建桥后引桥墩位于大堤附近，桥墩局部水流的变化可能会对岸坡有一定的影响，建议建桥后对桥位附近岸坡进行防护；受桥墩局部冲刷的影响，建议桥位附近横港沙右侧边坡进行守护。建桥将引起桥位附近局部河床调整，建议在施工过程及工程实施后，加强对工程河段附近水下地形的监测，并及时进行分析研究，必要时采取适当的防护工程措施。

6.4.2.2 盐泰锡常宜过江通道工程潮流泥沙物理模型试验研究

（1）工程概况

拟建盐泰锡常宜过江通道工程位于已建江阴长江大桥下游3.4 km处，工程南北走向，途经盐城、泰州、无锡、常州四市。线路北承连盐铁路，南接宁杭客专（图6-53）。项目拟建设下层四线铁路、上层双向八车道公路的公铁两用长江大桥跨越长江，桥长3 088 m。主桥采用主跨1 780 m悬索桥方案。其平面及桥型布置见图6-54。

（2）模型试验水文条件分析

为研究盐泰锡常宜过江通道工程实施后的水动力变化和河床冲淤变化，需进行定床和动床物理模型试验。考虑大桥的模型试验研究主要为了对工程实

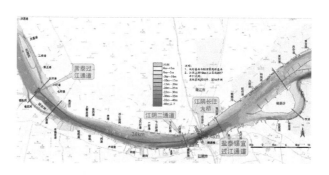

图 6-53　盐泰锡常宜过江通道工程地理位置

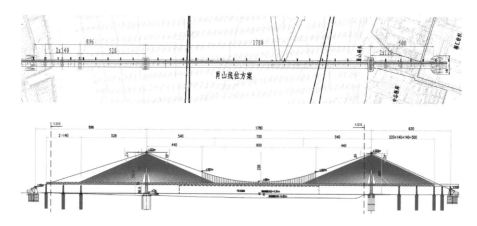

图 6-54　盐泰锡常宜过江通道工程平面布置与桥型布置图

施后防洪影响、通航安全以及为桥梁设计提供参数,下面分别对定床和动床模型试验水文条件进行分析。

首先分析定床模型试验水文条件。在前期河床演变分析和水文分析等研究的基础上,考虑盐泰锡常宜过江通道工程建设按 100 年一遇水文条件设计、300 年一遇水文条件进行校核的特性,选用以下 4 个试验水文条件进行研究:97 风暴潮、20 年一遇、100 年一遇以及 300 年一遇水文条件。动床试验水文泥沙条件主要有平常水沙年、丰水年水沙年、100 年一遇水沙年、300 年一遇水沙年和系列水沙年。

(3) 工程实施后整治效果

① 拟建盐泰锡常宜大桥水中布设 3 个桥墩(主墩、北辅助墩和北边墩),因桥墩阻水作用使得局部水动力发生调整;工程后福姜沙左汊分流比减小约 0.1%,如皋中汊基本无影响。

② 100 年一遇洪水条件下拟建桥梁正常及施工期方案桥墩阻水面积约为

2.0%和3.5%。拟建桥梁工程引起的近岸高低潮位变化一般在0.03 m以内，对长江行洪排涝等影响较小。

③ 拟建桥梁工程实施后桥墩上下游掩护区范围内涨落潮流速有所减小，桥孔间流速有所增加。不同水文条件下主桥墩掩护区上游侧1 km、下游侧2.5～3.5 km范围内流速减幅约0.05 m/s。桥轴线过水断面面积略有减小，桥孔间涨落潮流速有所增加，增幅一般都在0.05 m/s以内；主墩与辅助墩通航区间上游0.5 km、下游1.5 km范围内流速增加约0.05 m/s。

④ 主通航孔水域水流与桥轴线法线夹角一般在3°以内，北辅助通航孔水域水流与桥轴线法线夹角一般在8°以内。桥梁工程实施后12.5 m深水航道内(桥轴线—蝴蝶港)流速增幅一般在0.01～0.05 m/s，流向变化一般在1°内，近桥轴线局部变化最大约2°；其他水域变化较小。

⑤ 拟建桥梁工程实施后靖江边滩局部水域水动力及河床冲淤发生了相应的调整。工程引起的冲淤及断面变化表明，建桥后桥下游近左岸侧约1.5 km范围内−8 m以上高滩部分有所冲刷，幅度一般在0.2～0.5 m，基本位于靖江边滩的上段雅桥港以上。桥下游3.5 km范围内靖江边滩−8～−20 m范围河床有所淤积，幅度一般在0.5～1.5 m，主要位于深水航道左侧靖江边滩中段蝴蝶港附近。蝴蝶港至万福港附近为靖江边滩侧下段，涨落潮共同作用下边滩的切割常发生于此；建桥引起的河床冲淤变化较小，可见建桥对靖江边滩下段窜沟影响不明显。跃进港至蝴蝶港一线12.5 m深水航道内有所冲刷，蝴蝶港下12.5 m航道影响不明显。

6.4.2.3 中俄东线天然气管道长江盾构穿越工程物理模型试验研究

(1) 基本情况

中俄东线是构筑我国东北油气战略通道的重要工程，有利于促进天然气进口气源多元化，保障我国天然气供应安全。中俄东线的南段永清—上海段工程，将国内多条东西走向的干线管道相互联网，有利于提高长三角地区供气保障能力和管网调配灵活性。该工程采用盾构隧道单向一次穿越方案，是中俄东线的控制性工程。管道穿越长江的长度约10.226 km，北岸从海门市新江海河河道底部穿越长江，南岸位于常熟市经济技术开发区的姚家滩。盾构隧道内径为6.8 m，隧道内布置共3根管道，直径1 422 mm。工程位置见图6-55。

拟建工程位于长江南支河段上段白茆河口附近，地处长江入海口一级分汊咽喉地带，所在河段属长江河口段，受上游大径流和下游外海潮汐共同作用，河段汊道众多，滩槽交错，涨落潮水流流速大，河床粉细沙沙细易动，抗冲能力差，河床冲淤演变复杂；近年来白茆沙汊道"南强北弱"趋势不断加强，工程附近白茆小沙下沙体冲蚀、北支进口淤积等局部滩槽格局调整变化较大；工程临近桥

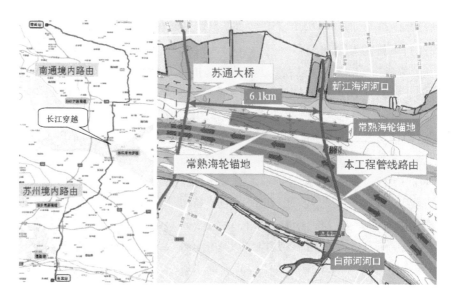

图 6-55　工程地理位置示意

梁、港口码头、深水航道等众多工程。另外,在三峡蓄水、上游梯级水库建设以及水生态大保护的环境下,长江上游来沙量锐减,新水沙条件下长江中下游河床整体呈现冲刷态势且逐步向下游传递,南支河段河床总体已呈现冲刷态势。

　　综上可见,工程河段水动力泥沙条件、河床演变及外部环境条件均十分复杂,因此需要开展工程河段新水沙边界环境下潮流泥沙物模试验研究,结合河床演变实测资料,重点研究提出典型设计不利条件下工程附近河床最大可能冲刷深度,研究成果可为盾构隧道工程埋深设计等提供关键技术支撑。

　　(2)水动力研究成果分析

　　在相关水文分析计算的基础上,选用以下 4 种水文条件作为模型水动力试验条件,见表 6-8。

表 6-8　模型试验水文条件

序号	试验水文条件	上游控制流量(m^3/s)	下游边界控制条件
1	300 年一遇洪水大潮	104 000	潮位站相关分析给定
2	100 年一遇洪水大潮	96 000	
3	20 年一遇洪水大潮	85 000	
4	枯水大潮	16 500	

　　拟建管线工程位于长江河口徐六泾河段下段白茆河口附近,工程河段受上游径流和下游潮汐的共同作用,涨潮流强度自下而上总体逐渐减弱。上游径流

越大,徐六泾河段的径流作用增强,落潮潮量也会有所增强。相同径流条件下,大潮涨落潮量明显大于小潮。

洪水大潮落急条件下,一般上游流量越大工程区域流速相应也越大,主槽流速一般大于近岸(图6-56)。拟建管线工程附近落潮最大流速一般在1.3~3.5 m/s。工程河段落潮最大流速出现在苏通大桥至拟建工程间的主槽内,最大一般在3.5 m/s左右。管线断面主深槽区域落潮最大流速一般在1.3~3.3 m/s。拟建管线工程附近落潮平均流速一般在0.8~2.6 m/s。工程河段落潮平均流速出现在苏通大桥至拟建工程间的主槽内,最大一般在2.6 m/s左右。管线断面主深槽区域落潮平均流速一般在0.8~2.5 m/s。

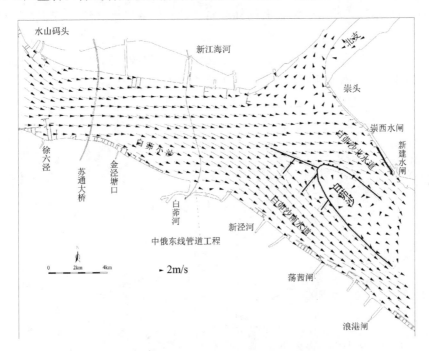

图6-56 20年一遇洪水大潮落急流场

枯水大潮条件下,拟建管线工程附近涨潮最大流速一般在1.5~2.5 m/s,最大一般在2.5 m/s左右。管线断面主深槽区域涨潮最大流速一般在1.5~2.2 m/s。拟建管线工程附近涨潮平均流速一般在0.9~1.5 m/s,最大一般在1.5 m/s左右。

拟建线位断面水域在洪水大潮和枯水大潮条件下,工程区涨落潮动力强劲,落潮最大流速3 m/s以上、涨潮最大流速可达2.5 m/s左右,涨落潮最大流速主要位于河床主槽区附近,因此可以判断在洪水大潮和枯水大潮条件下,线位断面附近河床将会发生一定冲刷的现象,具体河床冲刷效果通过动床试验开展研究。

(3) 河床冲淤试验研究

在动床模型验证基础上,根据中俄东线天然气管道工程设计需求,重点关注线位附近河床最大可能冲刷深度。本次研究选取平常水沙年、100年一遇和300年一遇水文年等3个水沙条件,边界条件考虑现状和规划工程实施两种边界条件,开展模型试验研究。现状条件下300年一遇1个水沙年河床等高线变化和河床深泓线变化见图6-57和图6-58。

研究表明,现状条件下拟建工程线位附近河床冲淤表现为平常年冲淤变幅较小、洪水年河床冲淤变幅较大的冲淤特性。1个平常水文年后,拟建线位附近主槽河床冲刷幅度约1~3 m,南北两侧近岸河床有冲有淤,冲淤变幅在1 m以内。100年一遇和300年一遇1个水文年后,拟建线位附近主槽河床冲刷幅度约为5~9 m,南北两侧近岸河床有冲有淤,冲淤变幅在2 m以内。

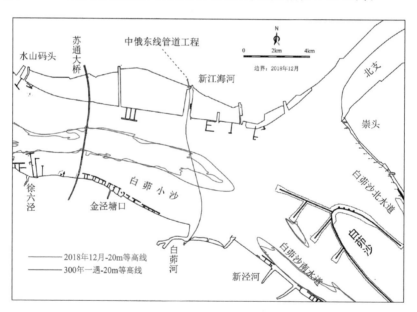

图6-57 现状条件下300年一遇1个水沙年河床等高线变化

研究表明,与现状条件相比较,在白茆小沙和新开沙治理规划工程实施条件下,工程河段的冲淤特性基本一致,主要差异在于白茆小沙治理工程实施后,白茆小沙沙体有所淤积,沙体北侧局部水流动力有所增强、河床冲刷强度有所增大。线位附近主槽河床最大冲刷幅度约7~10 m。规划工程实施后,工程线位附近主泓走向和深槽位置未发生明显变化,白茆小沙沙体形态相对稳定,有

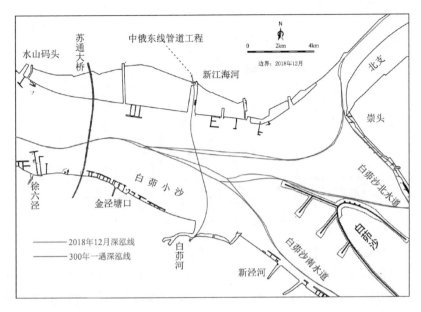

图 6-58 现状条件下 300 年一遇 1 个水沙年河床深泓线变化

利于工程河段总体河势的稳定。

(4) 拟建线位断面河床冲刷研究

拟建中俄东线天然气管道工程线位断面变化河床演变包络线分布见图 6-59。通过近 50 年来实测资料分析表明,在 1983 年大洪水作用下,1984 年线位断面附近河床实测最深点约－28 m(1985 国家高程,下同),更偏靠河床断面北侧;在 1998 年大洪水作用下,1999 年线位断面附近河床实测最深点约－26.1 m,偏靠河床断面北侧。另外,2003 年三峡水库枢纽蓄水以来,上游来沙锐减,长江中下游河床总体呈冲刷态势,加之 2016 年、2017 年长江下游均遭遇大洪水,大通站洪峰流量均超过 70 000 m³/s,为三峡蓄水运用后最大流量,一定程度也加剧了河床冲刷现象。目前工程线位断面在 2018 年 12 月地形条件下,河床最深点高程为－23.8 m,位于河槽中心附近。河床演变包络线最深点高程为－29 m 左右。

各试验水文和边界条件下,线位断面河床最大冲刷分别约为 2.8 m、7.0 m、8.6 m、9.7 m,最大冲刷部位位于河床最深点的右侧。综合河演和模型试验成果,给出了拟建工程线位附近断面冲刷包络线,并考虑到未来来水来沙条件变化等因素,最终建议线位断面河床可能冲刷最深点高程按照－34 m 控制。

6.4.3 "一带一路"工程物理模型试验研究

以孟加拉国帕亚拉一期超超临界 2×660 MW 燃煤电站码头及取水工程

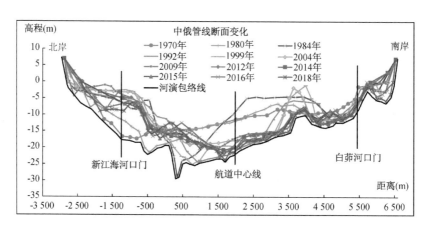

图 6-59　线位断面河演实测冲刷包络线

潮流泥沙物理模型试验研究为例进行说明。

项目位于孟加拉国南部城市巴里萨尔(Barisal)的博杜阿卡利(Patuakhali)地区,距孟加拉国首都达卡市约 300 km(工程区位图见图 6-60)。该燃煤电厂项目合同总金额 16.6 亿美元,计划 2019 年 12 月全部投入使用。该项目是孟加拉国历史上最大的燃煤电厂项目。项目全部采用中国技术和设备,计划于2019 年 10 月份投产发电。作为"一带一路"倡议成果和"中国制造"名片,该项目的建设对于推动孟加拉国经济,扩大和深化两国电力领域合作具有现实意义。2014 年 6 月 9 日孟加拉国总理哈西娜访华时,与李克强总理共同见证了中孟双方签署该项目合作框架协议。2016 年 10 月 14 日,中国国家主席习近平与孟加拉国总理哈西娜在达卡共同为包含孟加拉国 PAYRA 2 台 66 万 kW超超临界燃煤电站在内的中孟重大合作项目揭牌。

为深入了解当地海洋动力环境,综合评价建港环境条件、工程建设可能对水流泥沙动力环境的影响以及为工程建设提供相关设计参数,拟开展规划区海域海床稳定性分析、波浪整体数学模型试验、潮流泥沙物理模型试验以及防波堤波浪断面物理模型试验等研究工作。根据物理试验要求,建立包含取水口、码头在内的潮流泥沙物理模型,分析燃煤电厂附近海域水流泥沙分布及项目实施后的水沙动力变化、码头附近水流条件;研究工程实施后附近水域地形冲淤变化态势,并依据模型对码头开挖区泥沙回淤进行分析预测,为总平面布置方案的设计、优化及运营维护提供技术支撑。

6.4.3.1　基本情况

(1)自然情况

本电厂工程地处 PAYRA(帕亚拉),包括电厂码头及取水口工程。工程区东侧为主河道 Rabnabad Channel,该河道为恒河三角洲主入海口门,其上游代杜利

图 6-60 电厂工程地理位置

亚河为梅克纳河的分支。西侧为支汊 Tiakhali River 和 Andharmanik River 上游支汊,东西两侧的河道通过弯窄的 Andharmanik River 相连(图 6-61)。

主河道 Rabnabad Channel 河宽大致在 4.3~8.6 km 间,河道顺直,Andharmanik River 入主河道口门(下简称入河口)至入海口长度约为 20 km。在入河口上游,Latar Char 岛将主河道 Rabnabad Channel 分为左、右两汊,左汊为 Kajal River,右汊为 Galachipa River。按 2016 年 8 月实测资料,左汊分流比约为 60%,右汊分流比约为 40%。码头工程位于入河口上游、右汊 Galachipa River 的右侧。

恒河三角洲为遭受风暴潮最严重的地区之一。1970 年 11 月,20 世纪最致命的热带气旋之一袭击了恒河三角洲地区。据现场踏勘了解及分析,估算当时风暴潮的最高水位大约为 6.4 m。根据 2016 年 7 月至 8 月及 2016 年 12 月至 2017 年 1 月实测资料,工程区域雨季最高潮位为 2.84 m,旱季最高潮位为 1.89 m;雨季大潮平均潮差在 1.72~1.87 m 间,最大潮差在 2.61~2.84 m 间,最小潮差在 0.62~0.70 m 间。涨潮历时大致在 6.6 h,落潮历时大约为 6.7 h,落潮历时长于涨潮历时。

实测最大流速的极值均出现在大潮期,雨季大潮最大涨、落潮流速分别为 2.04 m/s 和 2.67 m/s;旱季大潮最大涨、落潮流速分别为 1.26 m/s 和 1.88 m/s。对应的流向:涨、落急潮流的流路多与主流一致,基本垂直于断面方向上。

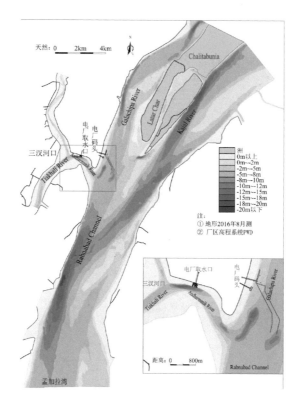

图 6-61　孟加拉国 PAYRA 电厂工程附近河势图

取水口附近平均含沙量:雨季 0.76 kg/m³、旱季 0.66 kg/m³;码头前沿附近平均含沙量:雨季 0.78 kg/m³、旱季 0.59 kg/m³。

(2) 模型概况

模型水平比尺 λ_l = 270,垂直比尺确定 λ_h = 81。模型模拟了 Latar Char 岛右侧整个 Rabnabad Channel 右汊、下游 Rabnabad Channel 的大部分(码头处河宽 6.4 km,模型模拟了约 3.3 km),以及 Andharmanik River、Tiakhali River 一部分和 Andharmanik River 上游支汊一部分。模型布置见图 6-62,照片见 6-63,模型比尺见表 6-9。

表 6-9　模型比尺表

内　容	名　称	符　号	数值
几何相似	水平比尺	λ_l	270
	垂直比尺	λ_h	81
	变　率	$\eta = \lambda_l / \lambda_h$	3.33

续表

内　容	名　称	符　号	数值
水流运动相似	流速比尺	$\lambda_u = \lambda_h^{1/2}$	9
	糙率比尺	$\lambda_n = \lambda_h^{2/3} / (\lambda_l^{1/2})$	1.14
	时间比尺	$\lambda_t = \lambda_l / (\lambda_h^{1/2})$	30.0
	流量比尺	$\lambda_Q = \lambda_u \lambda_h \lambda_l$	196 830
泥沙运动相似	河床质流速比尺	$\lambda_{u0} = \lambda_\omega$	7.90
	河床质粒径比尺	λ_{d_1}	0.85
	床沙质沉速比尺	λ_ω	2.7
	床沙质粒径比尺	λ_{d_2}	1.50
	含沙量比尺	λ_s	0.254
	冲淤时间比尺（采用）	λ_{t_2}	246(333)

6.4.3.2　模型测控系统

本模型的测控系统采用本次研发的测控系统。

（1）控制系统

本模型共有 4 个边界，因此需要本控制系统进行 4 边界的控制。

① 主汊的径流采用由变频器控制的双向泵进行控制，其中 Latar Char 左右汊分别各布置 1 台；

② Andharmanik River 上游支汊的径流控制采用转子流量计＋扭曲水道的方式进行；

③ 下游主河道 Rabnabad Channe 通过尾门进行潮汐控制；

④ 下游支汊 Tiakhali River 也通过尾门进行潮汐控制。

边界控制系统中，双向泵的控制过程是将给定的流量值转换为频率，由变频器控制电机按指定频率运转，从而实现对径流的控制。尾门的潮汐控制中，将控制站水位过程输入计算机，运转过程中定时采集该控制站点水位仪读数与给定值进行比较，得到一个差值 Δh，通过 D/A 转换及可控硅调速器驱动直流伺服电机带动减速机构调节尾门开启度控制水位变化，使偏差 Δh 值趋近于零，通过修正输入计算机的潮汐过程，使控制站产生潮汐过程，并复演天然的潮汐现象。

（2）测量系统

① 无线光栅自动跟踪水位采集测量系统

水位测量采用本次研发的无线光栅自动跟踪水位仪和超声波水位仪，测量

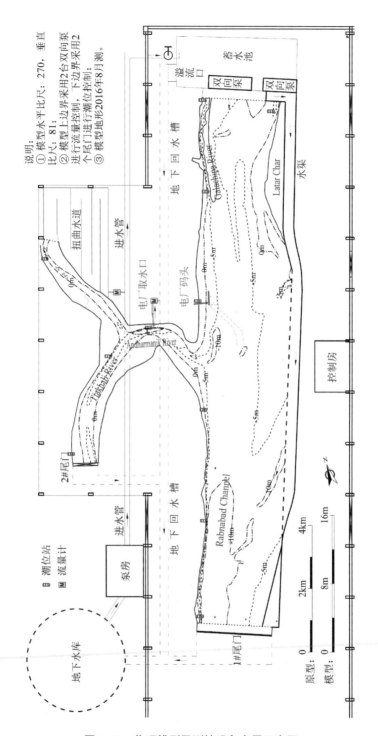

图 6-62 物理模型及测控设备布置示意图

误差约为±0.1 mm。水位仪在模型中的应用见图 6-64。

图 6-63　孟加拉国 PAYRA 电厂物理模型　　　图 6-64　水位仪应用

② 无线传输光电式旋桨流速仪自动跟踪采集测量系统

模型流速采用无线传输光电式旋桨流速仪测量,各测点的流速仪固定在跟踪架上,模型上水位和流速通过数据采集系统定时集中采集。无线传输光电式旋桨流速仪在模型中的应用见图 6-65。

图 6-65　无线流速仪及 DPIV 高清流场测量系统在模型中的应用

③ 无线侧向补偿含沙量仪配合定点测量架

含沙量测量采用无线侧向补偿含沙量仪配合定点测量架,通过含沙量测量仪,测量模型中不同水文条件下的含沙量,用于动床模型验证,以及研究工程实施后含沙量的变化,这对准确预测工程实施后取水口泥沙淤积量有着至关重要的作用,仪器设备在模型中的应用见图 6-66。

图 6-66　无线侧向补偿含沙量仪、定点测量架的应用

④ DPIV 高清流场测量系统

表面流场测量采用本系统研发的 DPIV 表面流场测量系统,该系统是基于粒子图像测速技术(Particle Image Velocimetry)的大范围表面流场测量系统,采用千万像素高清智能一体化摄像机,通过无线网络、1 000 M 宽带网与电脑连接,采用先进的数字图像处理算法与流体力学基本理论相结合,同步采集大范围多通道的流场数据,具有较高的测量效率和精度,适用于大型物理模型试验表面流场的测量。

6.4.3.3　试验研究情况

工程河段河网密布,受径流及潮流共同作用,水流复杂。为研究电厂码头及取水口工程实施前后的水动力情况,为工程设计提供依据,从而进行本物理模型试验研究。模型根据 2016 年 8 月实测地形进行制作,并用同步实测水文资料进行了模型率定与验证。在此基础上,选取了 2 个定床试验水文条件(雨季大潮、旱季大潮)和 2 个动床试验水文条件(雨季至旱季、1 个水文年)进行试验研究。

(1) 水动力试验成果

研究表明,工程实施对水动力和河床冲淤的影响限于工程附近区域。高、低潮位最大变化为 2 cm;由于桩群导流作用,码头前沿线与落潮水流的夹角由 1°~2°减小至 1°以内,涨潮流向变化小,在 3°左右;码头前沿涨、落潮流速增加 6~10 cm/s,后沿流速减小 10 cm/s 左右,航道疏浚区中心的流速减小 3~4 cm/s,疏浚区上下游邻近航道的区域流速增加 3~5 cm/s;取水口工程河段的流速变化较小,只是邻近取水口附近局部区域,涨落潮流速有减小的趋势,幅度在 1~2 cm/s。潮位测量成果及流场测量成果见图 6-67。

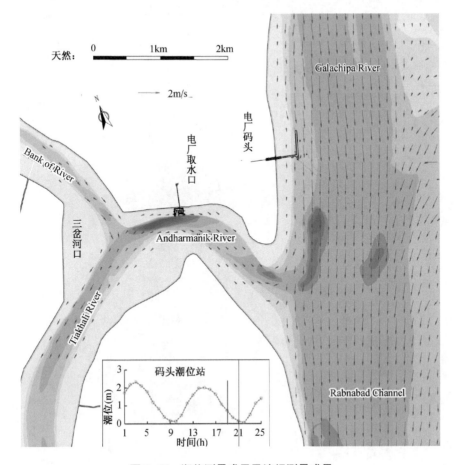

图 6-67   潮位测量成果及流场测量成果

（2）河床冲淤试验成果

各水文条件下，工程实施后码头港池、调头区和航道均有所回淤，调头区开挖深度大，回淤深度较大，1 个水文年平均回淤 2.4 m，回淤率 72%；由于航道轴线与落潮水流夹角在 10°～45°间，斜向航道的回淤率较大，1 个水文年平均回淤 1.1 m，回淤率达 76%。取水口的引水明渠和过渡前池均有所淤积，淤厚由口门外向内逐渐减小，其中引水明渠的中前段回淤幅度较大。雨季至旱季条件下，最大淤厚 1.8 m，回淤 2 760 m³；1 个水文年条件下，最大淤厚 2.3 m，总回淤 4 350 m³。工程实施后河床冲淤变化见图 6-68。

6.4.4　灌河口航道整治工程物理模型试验研究

灌河口位于长江口北 450 km，距连云港 40 km。灌河自灌南县盐东控制工程东三汊到燕尾港入海河口全长 74.5 km，是江苏省目前仅存的天然没有建

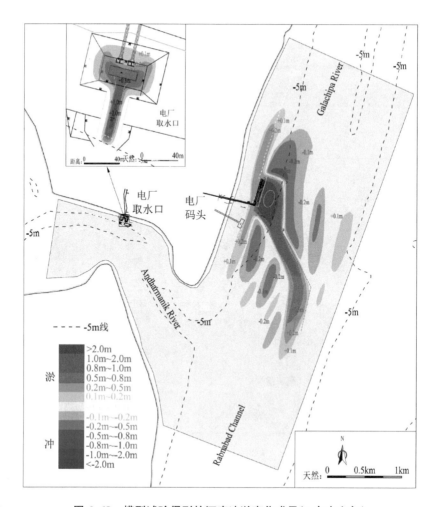

图 6-68　模型试验得到的河床冲淤变化成果(1 个水文年)

闸的入海河口(图 6-69),口门内河道宽阔、水深条件良好,河宽 180～1 100 m,水深基本在 6.0 m 以上,素有"苏北的黄浦江"之美称,具有极好的开发利用价值。灌河口外为粉沙质海岸,波浪掀沙作用强烈,长期以来由于口外拦门沙的存在,口外航道水深严重不足,浅段长约 10 km,水深仅 0～2 m,仅满足 2 000吨级船舶乘潮进出,极大地限制了灌河航道航运事业的发展。

入海河口的航道治理是水运行业的重大难题,加之灌河拦门沙受灌河径流、新沂河泄洪、潮流、沿岸输沙、风浪等多重因素作用,治理条件更加复杂。为攻克整治技术难题,我国水运界数家权威科研单位于 20 世纪 80 年代起开展了灌河口拦门沙航道整治研究,由于研究手段的制约,以及缺乏实际回淤资料等原因,在研究不同整治方案的减淤效果方面未取得实质性进展。

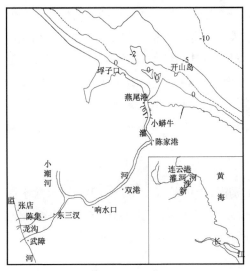

图 6-69　灌河口位置图

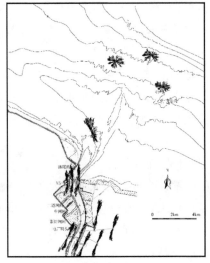

图 6-70　实测大潮水文测验潮矢图

本次研究在以往研究基础上,运用波、流共同作用下潮流泥沙物理模型试验手段,利用研制的测控系统进行模型控制、测量和分析,对不同整治方案下的潮位变化、涨落水动力、航道泥沙回淤进行了研究。

6.4.4.1　自然条件

灌河是苏北较大一条入海河流,年均径流量为 15 亿 m^3,平均流量 50 m^3/s。流域产沙甚少,年输沙量仅 70 万 t 左右,是一条水清沙少的河流。1976—1980年为挡咸潮入侵,分别在东三汊上游武障、龙沟、义泽三支流上建挡潮闸,仅在洪季开闸泄洪。闸下干流河道的水沙环境主要置于潮汐作用的影响之下,径流影响较小。

（1）潮汐及潮流特征

灌河口门燕尾港附近海区的潮型属于非正规半日潮,每天两涨两落。灌河口外潮流受海州湾潮波系统控制,为逆时针旋转流,海域涨潮流方向以偏东南向为主,落潮流以西北向为主。潮波进入灌河口门内出现了变形,涨落潮最大流速出现时刻由口外的高低潮位向口门内的中潮位过渡,潮波由浅海前进波逐渐向近岸的东北—西南向的驻波过渡。潮波变形使河道内高低潮均有所抬高,涨潮历时缩短,落潮历时相应延长。灌河河道内基本为顺河道方向的往复流,其涨潮垂线平均流速略大于落潮流速。

（2）波浪特征

影响灌河口外地貌的主要动力是波浪,波浪掀沙造成海床侵蚀和水体较大含沙量,潮流是泥沙长途运输的主要动力,在水动力较弱区域形成泥沙沉积。

根据口门外 9 km 的开山岛 1980 年 8 月至 1982 年 12 月的波浪资料分析得知，该区常浪向为 NE，强浪向为 NNE，最大波高为 3.0 m（NNE），各方位平均波高为 0.63 m，周期为 2.6s。根据以往对沿岸输沙量的估算，灌河口外地区波浪沿岸输沙的方向是由东南向西北，平均年净沿岸输沙量约 3 万 t。受来自废黄河三角洲的沙源，由东南向西北的沿岸输沙被灌河口口门浅滩拦截及河口入海水流的干扰，水流能量减弱、泥沙淤积，灌河口右岸沙嘴不断发育，灌河入海水道不断西偏。

（3）泥沙特征

灌河口外海床底质主要为粉沙及淤泥，中值粒径 0.05～0.08 mm，深水区底质较细，中值粒径 0.002～0.006 mm。灌河口内河床底质与口外海床泥沙基本相近。根据多次水文测验资料分析，灌河及口外垂线平均含沙量的分布具有以下特点：

① 口内段河道含沙量高，口外含沙量明显低于口内；

② 口外拦门沙海域含沙量较大，开山岛向外海域水深增大，含沙量明显减小，灌河口门东侧的含沙量比西侧高；

③ 风浪掀沙作用显著，拦门沙浅滩海域和灌河口内风天含沙量明显大增。

6.4.4.2　模型概况

波浪、潮流共同作用下物理模型遵循水流、波浪运动相似条件，满足重力、阻力、水流运动及波浪传播、折射、破碎相似等准则，模型水平比尺 λ_h 取 1 000，垂直比尺 λ_l 取 100，变率为 10，波高比尺 λ_h 及波长比尺 λ_L 与模型垂直比尺相同。根据窦国仁的潮流与波浪共同作用下的悬沙运动方程式和海底变形方程式确定悬沙运动相似条件，海床变形相似条件采用窦国仁底输沙公式加以近似确定。

水流运动相似：
$$\lambda_u = \lambda_h^{1/2} \tag{6-25}$$

水流时间比尺：
$$\lambda_{t_1} = \lambda_l / \lambda_h^{1/2} \tag{6-26}$$

阻力相似：
$$\lambda_n = \lambda_h^{2/3} / \lambda_l^{1/2} \tag{6-27}$$

波浪折射相似：
$$\lambda_{\frac{\sin a_2}{\sin a_1}} = 1 \tag{6-28}$$

泥沙起动相似：
$$\lambda_{V_0} = \left(\frac{\lambda_h}{\lambda_d}\right)^{\frac{1}{6}} \lambda \left(\frac{\rho_s - \rho}{\rho}\right)^{\frac{1}{6}} / \lambda_d^{\frac{1}{2}} \tag{6-29}$$

沉降相似：
$$\lambda_\omega = \frac{\lambda_h}{\lambda_l} \lambda_u = \frac{\lambda_h^{\frac{3}{2}}}{\lambda_l} \tag{6-30}$$

悬沙挟沙能力相似：
$$\lambda_{s_*} = \frac{\lambda_{r_s}}{\lambda_{r_s - r}} \tag{6-31}$$

悬沙海床冲淤时间相似：$\lambda_{t_1} = \dfrac{\lambda_{\gamma_0}\lambda_h}{\lambda_s\lambda_\omega} = \dfrac{\lambda_{\gamma_0}\lambda_l}{\lambda_s\lambda_h^{\frac{1}{2}}}$ (6-32)

物理模型长约 60 m，宽约 24 m，模拟现场 60 km×24 km 的范围。灌河河口位于模型中间位置，模型东、西边界距灌河口均为 30 m，模型北边界距近海岸线约 24 m。灌河陈家港至燕尾港段采用实测地形，陈家港以上采用扭曲水道模拟至东三岔。现场实测水文资料以及数学模型流场计算成果分析表明，灌河口外以西海域流场为明显逆时针旋转流，以东海域往复流较明显，灌河口处于近岸旋转流与往复流过渡区，涨落潮流态较为复杂。考虑到东边界附近往复流较明显，模型东边界采用双向泵进行流量控制。西边界附近旋转流明显，流态较为复杂，采用双向泵配合尾门联合控制模拟复杂流态，其中模型西侧边界采用双向泵加流，西北边界采用尾门进行潮位控制，北侧边界采用双向泵侧向加流。

模型采用的测控系统采用本次重大仪器研发专项中的测控系统。

模型建立后，利用最新实测水文泥沙和地形资料，对模型进行了率定与验证，复演了工程河段水流运动及河床冲淤，率定了定、动床模型加糙以达到模型阻力相似，选定动床模型沙，确定动床模型冲淤时间比尺及含沙量比尺。模型验证结果表明模型潮位、流速、潮量和汊道分流比等误差符合河工模型试验规程要求。

6.4.4.3 灌河口外航道整治模型试验

综合考虑灌河口外拦门沙碍航机理、航道线路长度、工程土方量及将来疏浚量等因素，选择口外副槽作为整治通航汊道。采用整治工程与疏浚相结合的方式增加外航道水深，发挥导堤工程导流排沙，阻挡沿岸输沙，减轻航道内淤积的功能。经过口外单、双导堤方案比选，双导堤不同宽度方案比选，导堤不同高程方案比选，导堤长度方案比选，航槽不同疏浚尺度方案比选等试验，对各方案工程后水动力影响、航槽泥沙回淤特别是对灌河口防洪排涝影响进行了深入研究探讨，形成如下方案。

(1) 方案简介

灌河口外航道整治工程方案由口外两双导堤工程、外航道航槽疏滩工程组成，其中：

① 外航道：长约 28 km，宽度 140 m，航槽设计深度 7.4 m（理论基面，下同），设计底宽 133 m，边坡 1∶7；

② 导堤：设东、西两个导堤，东导堤长约 10.1 km，西导堤长约 8.4 km，导堤高程＋3.0 m；

③ 疏浚方量：基建疏浚工程量 1 760 万 m³。

（2）工程影响及效果分析

双导堤配合挖槽会引起灌河口门低潮位壅高,特别是上游新沂河排洪时,低潮位壅水值会明显加大,这对于河道排洪会产生一定影响。工程后,双导堤间外航槽内涨落潮动力均有所增强,尤其是拦门沙浅区动力增幅较为明显,这对于航槽开挖后的维护是有利的。综合考虑防洪影响及航道整治目的,双导堤配合挖槽的方案是较为合适的,为减小工程防洪的影响,可通过增加航槽维护等级或通过拦门沙浅区疏浚来实现,也就是增加双导堤间低潮位下的过水断面面积。为进一步分析整治工程影响及效果,下面就灌河口外航道整治双导堤配合航槽疏浚方案及双导堤无航槽疏浚方案试验结果进行分析。

① 外航道内水动力变化分析

工程前,灌河口外航槽内涨落潮平均流速沿程呈"M"形分布,口外 1~2 km 范围内涨落潮流速有所增加,外侧流速则逐渐减小,至拦门沙浅段涨落潮流速均出现最小值,拦门沙位置为涨落潮动力最弱的位置。图 6-71 为各方案工程前后外航槽内涨落潮平均流速沿程变化。

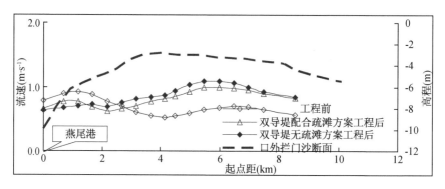

（a）导堤间航道　槽内落潮平均流速沿程变化

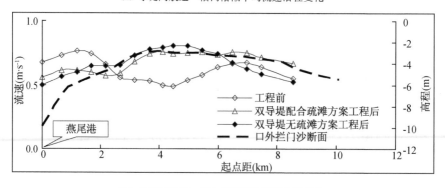

（b）导堤间航道　槽内涨潮平均流速沿程变化

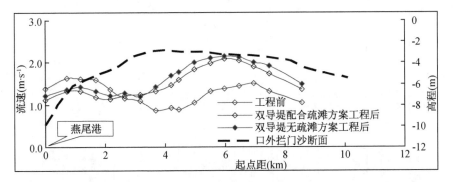

(c) 导堤间航道　槽内落潮最大流速沿程变化

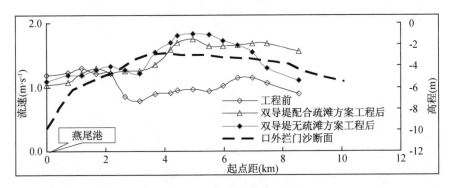

(d) 导堤间航道　槽内涨潮最大流速沿程变化

图 6-71　工程前后外航槽内涨落潮平均流速沿程变化

　　双导堤配合航槽疏浚方案工程后,落潮流出口门后受双导堤约束归槽,导堤间航槽内落潮动力呈增加趋势,拦门沙浅区航槽内落潮流速增加约 35 cm/s,拦门沙外至双导堤口门段随着水深增加,双导堤间过流断面增加,航槽内落潮流速增幅有所减小,口门处航槽内落潮流速增幅减小了约 15 cm/s。涨潮初期潮位低于导堤顶高程时,由于西导堤阻水作用灌河口门处潮位有所降低,双导堤内外比降加大,灌河口门外 2.5 km 至双导堤口门沿程涨潮流速有所增加,特别是拦门沙浅区原来工程前涨潮流速最小区域,涨潮流速增幅达 25 cm/s。

　　② 工程防洪影响分析

　　图 6-72 分别为新沂河无排洪及有排洪条件下,方案工程前后燕尾港大潮潮位过程变化。工程后,口门燕尾港高潮位呈降低趋势,低潮位则呈抬高趋势。其中无排洪时,涨潮中潮位时潮位降幅为 12 cm,高潮位时降幅为 5 cm 左右;落潮中潮位时壅水为 14 cm,低潮位时壅水为 7 cm 左右。有排洪时,低潮位时潮位最大增幅则达到 33 cm。形成上述差异的原因,是由于排洪后引起了口门区流速过程的变化。

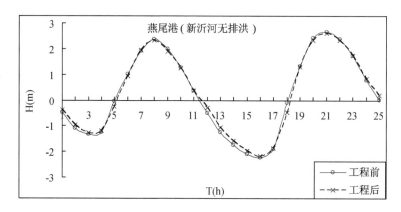

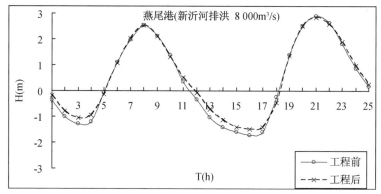

图 6-72　有、无排洪,整治方案工程前后燕尾港潮位过程变化(m)

根据实测资料分析,燕尾港中潮位时段口门出现涨落急,流速较大,而高、低潮位时口门则处于转流时段,流速相对较小。由于涉水建筑物产生的壅水与流速平方成正比,因此双导堤工程对燕尾港站潮位影响最大时段基本出现在中潮位,工程对高、低潮位影响相对要小很多。上游排洪 10 000 m³/s。当上游排洪后,灌河口门附近涨潮流速减弱,落潮流速加大时间延长。高、低潮位时段流速明显加大,尤其是低潮位时段流速值增加较为明显。由于涉水工程产生的壅水与流速平方成正比,因此新沂河灌河排洪时,整治方案引起口门低潮位特征值变幅会增加。

由于新沂河是淮河重要的排洪通道,而灌河口是新沂河口排洪入海的唯一通道,工程对低潮位的影响是工程成败的一个关键指标。为了解决整治措施中导堤与挖槽对口门潮位的影响,进行了导堤间有无挖槽情况下的研究。双导堤间无挖槽情况下,燕尾港低潮位进一步壅高,与有挖槽相比,低潮位抬高 0.28 cm。可见整治工程中双导堤会引起低潮位抬高,而航道挖槽则会降低潮位,两者对于低潮位变化起相反效果。排洪条件下燕尾港低潮位仍呈壅高趋势,是由于航道挖槽后低潮位下过水断面不能满足排洪要求。基于此,提出了不同补偿方案,即降低拦门沙浅区高程方案以及进一步降低挖槽底高程方案,目的是增加导堤间过水断面积。研究表明,新沂河排洪条件下降低拦门沙浅区高程后口门低潮位壅水幅度明显减小,降低挖槽底高程后口门低潮位时还出现了降低。

③ 航道回淤试验结果分析

根据工程区域实测含沙量,在大风浪下开山岛附近含沙量可达 $2\sim4\ kg/m^3$。可见大风浪条件含沙量较大,对航道淤积影响也较大。根据模型冲淤验证结果,冲淤时间比尺采用 973,含沙量比尺采用 0.20,有效波高采用 1 m。1 个水文年考虑大风浪影响,在试验中采用 1 m 高和 2 m 高波浪作用组合。灌河口附近含沙量受风浪影响较大,在大风浪作用下含沙量骤增,航道可能短时间内骤淤。根据统计资料分析,本区域 7~8 级大风基本每年都会发生,对航道淤积有效作用时间为 5 d 左右,试验采用波高为 2 m。各工况下 1 个水文年灌河口航道整治工程后航道内年回淤量见表 6-10。

表 6-10　灌河口航道整治工程 1 个水文年航道内年回淤量　单位:万 m^3

工况	导堤内航道淤积	导堤外航道淤积	总淤积量
工况 1($h=1$ m,$t=6$ s)	140	50	190
工况 2($h_1=1$ m,$h_2=2$ m,$t=6$ s)	250	80	330
工况 3($h=2.8$ m,$t=6$ s)	120	60	180

整治方案工程后,涨潮初期潮位低于导堤顶高程时,涨潮流由外海进入航道内顺航槽上溯,由于双导堤口门与灌河口门处存在水位差,此时航槽内涨潮流速较大,泥沙开始起动进入灌河口门。当潮位高于导堤顶高程时,西水道涨潮流越过导堤进入灌河口门内,此时近岸含沙量较大,在潮汐和波浪作用下,沿岸泥沙向灌河口输送。导堤西侧边滩涨潮流开始横向越过导堤进入导堤东侧海域,此时泥沙易于在航槽内落淤。落潮时当潮位低于导堤顶高程后,水流归槽,双导堤间航槽落潮动力较强,航道内泥沙起动,随落潮水流带入到双导堤口门外深水区。1 个水文年航道内沿程淤积厚度见图 6-73。方案 1 个水文年后,航道内总淤积为 330 万 m^3,其中双导堤内航道年淤积 250 万 m^3,沿程最大淤厚达 3 m,位于口外约 2.5 km 处,双导堤头部位置航槽内年淤厚为 2 m,拦门沙浅段位置年淤厚约为 1.5 m,航道平均淤厚在 1.8 m 左右。双导堤头部外侧局部范围由于涨落潮流时导堤的阻水挑流作用水流动力较强,淤厚会有明显减小。

6.4.4.4　现场工程效果分析

航道工程于 2011 年 4 月开工,2012 年 6 月完成航道疏浚工程,2012 年 12

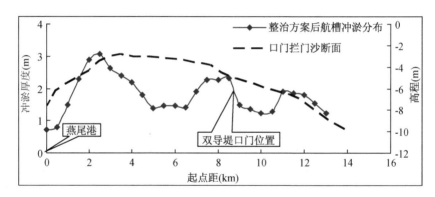

图 6-73　工程后外航槽沿程冲淤厚度沿程分布

月基本完成整治建筑物工程。2012 年 5 月万吨级船舶通航，2013 年 1 月 2 万吨级船舶通航。

2 万吨级航道及港内水域于 2012 年 3 月—6 月基本完成，根据上海海事局海测大队测图显示，底边线范围内全部达到设计底标高要求。

上海达华测绘有限公司 2012 年 10 月 16—24 日对航道范围进行了检测，获得 1∶2 000 测图，如图 6-74 所示。

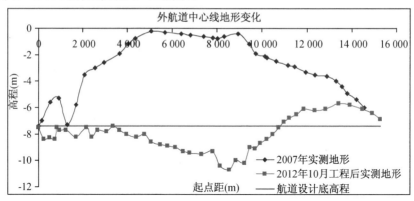

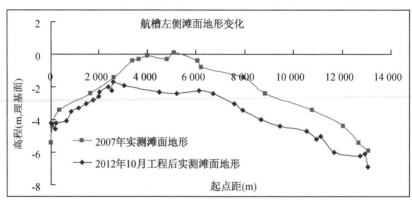

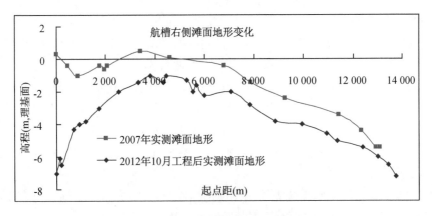

图 6-74　工程前后现场实测地形断面变化

2012 年 10 月测图显示：

① 整治建筑物（导堤）之间水深维持良好，局部区域出现了冲刷；

② 回淤主要集中在新沂河对应区段和导堤口门外；

③ 回淤总量与预测基本一致，年淤积量为 350 万～400 万 m³。

总体来看，整治效果良好，淤积主要在局部区段，淤积量在可控范围内。整治工程取得了良好的效果。

6.4.4.5　结论

灌河口外海域动力条件、泥沙环境以及工程涉及问题复杂，灌河口是淮河一条重要的排洪通道，如何兼顾考虑航道整治效果及防洪影响是工程成败的关键。波浪与潮汐共同作用下物理模型试验研究表明，灌河口双导堤工程较好地发挥了拦沙减淤功能，整治工程后，不同风浪条件下，灌河口疏浚航槽内年淤积总量约 200 万～330 万 m³，淤积最大厚度位于灌河口门内及双导堤口门外 1～3 km 处。工程后双导堤间疏浚航槽两侧滩面会出现不同程度冲刷，双导堤间拦门沙浅区航槽内略有淤积。工程方案较好地兼顾了外航道整治与防洪的关系，整治效果良好，淤积主要在局部区段，淤积量在可控范围内，整治工程取得了良好的效果。

6.5　小结

（1）大型的潮汐河流模型，其河口边界条件复杂，尾门口门宽，潮水量大，水流流态复杂，如果没有先进的自动控制与测量系统及其仪器设备，模型试验研究将难以获得预期的效果。潮汐河口是一个海陆双相的河道，同时受到河川径流和海水潮流的双重作用，因此，模型潮汐水流模拟与测量控制系统要由径流流量自动控制、潮汐模拟自动控制以及潮水位自动测量等系统组成,构成一个功能完整的河工模型潮汐水流模拟控制与测量系统。系统总体包括:控制系统、测量系统、分析系统、监控系统、实验室管理系统。

(2)本系统在长江河口段模型中进行研发和示范化应用。该模型长约300 m,水平比尺655,垂直比尺100。长江河口段受径潮流共同作用,多分汊河道水沙运动进而河口边界条件复杂。在模型上进行水沙循环系统、上游径流及下游潮汐自动控制系统、模型试验数据采集系统、试验监控及实验室管理系统等的应用。

(3)泵房智能控制系统为单元模块化和智能化,完成由人工到智能启动的改进。现场应用表明,试验人员需要做的事情就是点击启动泵组或停止泵组的命令,以往费时费力的水泵启动或停止工作,由泵房智能控制系统代替,降低了试验人员的劳动强度,提高了试验效率。自动加沙系统的成功应用,减轻了试验人员的工作强度,提高了试验精度。

(4)以往河口潮汐模型的动床试验时,往往是将上游径流概化为多梯级流量,试验中需人工进行调整。上游径流自动控制系统中的量水堰控制系统的成功应用,减轻了试验人员的工作强度,提高了试验精度,有助于模型试验技术的发展。但受限于量水堰流量调节响应缓慢的客观条件,控制精度有待于进一步提高。

(5)下游潮汐自动控制系统在长江河口段模型得到较好应用。以往潮汐控制系统采用485通讯进行,控制站水位的采集及控制指令的发出,需要铺设4根以上的信号线来进行。新的智能控制系统实施后,由一根网线与中心控制计算机相连即可;试验时,尾门或潮水箱即可由智能控制柜在现地根据给定曲线完成涨落潮过程,亦可由中心控制计算机总控,可方便进行试验调试;改造后潮汐控制效果,满足试验要求,控制精度还略好于改造前。

(6)试验监控系统在长江河口段模型安装试用后,现阶段其作用主要体现在:在中心控制试验室里可从多个视角方便地观察模型试验情况;方便地观察模型上各种仪器设备的运转情况、工作人员试验时操作是否规范等;利用监控的回放功能,可以试验后进一步观察试验过程、辅助查看试验中可能出现的问题。试验监控系统的应用提高了试验工作效率和试验精度。

(7)所研制的测控系统在长江下游常泰过江通道、灌河口航道整治工程等物理模型试验中得到了应用。灌河口受潮流及波浪共同作用,根据本次研发的测控系统,采用多台双向泵配合尾门联合控制方法,成功模拟了灌河口外复杂海域模型的潮波运动、灌河海域的泥沙运动特征,开发了针对灌河口拦门沙航道整治风暴潮骤淤的模拟技术。通过模型试验研究,成功解决了拦门沙航道整治与新沂河泄洪兼顾的难题。

参考文献

［1］夏云峰,杜德军,屈波,等.大型潮汐河工模型试验控制系统设计及应用[J].水利水运工程学报,2018(01):1-8.

［2］夏云峰,蔡喆伟,陈诚,等.模型试验含沙量量测技术研究[J].水利水运工程学报,2018(01):9-16.

［3］陈诚,夏云峰,黄海龙,等.大型河工模型分布式表面流场测量系统研制及应用[J].水利水运工程学报,2018(01):17-22.

［4］夏云峰,陈诚,王驰,等.国家重大科学仪器专项"我国大型河工模型试验智能测控系统开发"研究进展[C]//中国水利学会水利量测技术委员会.水利量测技术论文选集(第九集).郑州:黄河水利出版社,2014:3-15.

［5］陈诚,夏云峰,黄海龙,等.智能PTV流场测量方法研究[C]//中国水利学会水利量测技术委员会.水利量测技术论文选集(第九集).郑州:黄河水利出版社,2014:49-52.

［6］金捷,黄海龙,王驰,等.浮式刚体运动过程六自由度实时量测系统[C]//中国水利学会水利量测技术委员会.水利量测技术论文选集(第九集).郑州:黄河水利出版社,2014:57-63.

［7］王驰,黄海龙,霍晓燕,等.具有侧向补偿的激光无线高精度测沙仪[C]//中国水利学会水利量测技术委员会.水利量测技术论文选集(第九集).郑州:黄河水利出版社,2014:64-68.

［8］陈诚,夏云峰,黄海龙,等.三维地形测量方法研究[C]//中国水利学会水利量测技术委员会.水利量测技术论文选集(第九集).郑州:黄河水利出版社,2014:69-72.

［9］王驰,黄海龙,霍晓燕,等.高精度水位仪及无线测试系统[C]//中国水利学会水利量测技术委员会.水利量测技术论文选集(第九集).郑州:黄河水利出版社,2014:73-78.

［10］黄海龙,王驰,金捷,等.旋翼式流速仪传感器优化分析研究[C]//中国水利学会水利量测技术委员会.水利量测技术论文选集(第九集).郑州:黄河水利出版社,2014:79-83.

［11］黄海龙,王驰,赵日明,等.河工模型试验综合搭载侧桥的研制[C]//中国水利学会水利量测技术委员会.水利量测技术论文选集(第十集).郑州:黄河水利出版社,2016:9-13.

［12］王驰,霍晓燕,黄海龙,等.一种河工模型多用途搭载平台的研制[C]//中国水利学会水利量测技术委员会.水利量测技术论文选集(第十集).郑州:黄河水利出版社,2016:14-17.

[13]霍晓燕,夏云峰,王驰,等.激光测距传感器在泥沙浓度场的研究[C]//中国水利学会水利量测技术委员会.水利量测技术论文选集(第十集).郑州:黄河水利出版社,2016:19-23.

[14]陈诚,夏云峰,黄海龙等.模型试验中粒子图像表面流场测量系统检测方法研究[C]//中国水利学会水利量测技术委员会.水利量测技术论文选集(第十集).郑州:黄河水利出版社,2016:24-27.

[15]徐华,夏云峰,马炳和,等. Research on Measurement of Bed Shear Stress Under Wave-Current Interaction[J]. China Ocean Engineering,2015,29(04):589-598.

[16]胡向阳,许明,张文二,等.河工模型断面水面边界激光快速扫描测量[J].长江科学院院报,2017,34(11):144-147.

[17]胡向阳,马辉,许明,等.河工模型断面垂线流速自动测量系统的研制[J].长江科学院院报,2015(12):139-143.

[18]王子才.控制系统设计手册(下册)[M].北京:国防工业出版社,1993,349-417.

[19]宋文绪,杨帆.自动检测技术[M].北京:冶金工业出版社,2000,117-125.

[20]沈兰荪.数据采集与处理[M].北京:能源出版社,1987.

[21]张如洲.微型计算机数据采集与处理[M].北京:北京工业学院出版社,1987.

[22]刘乐善,叶济忠,叶永坚.微型计算机接口技术原理及应用[M].武汉:华中理工大学出版社,1996.

[23]张靖,刘少强.检测技术与系统设计[M].北京:中国电力出版社,2002

[24]戴曙.金属切削机床[M].北京:机械工业出版社,1997.

[25]李昌华,金德春.河工模型实验[M].人民交通出版社,1981:246-247.

[26]李景修,李黎,李英杰,等.核子测沙仪试验研究[J].人民黄河,2008.10,30(10):30-32.

[27]吴永进,韦立新,郭吉堂,等.γ-射线测沙仪测量浮淤泥容重的新进展[J].泥沙研究,2009.12(06):60-64.

[28]刘敏.超声回波衰减增益补偿测沙技术研究[J].泥沙研究,2001(01):44-47.

[29]杜军,张石娃,金广峰.超声测沙仪研究[J].气象水文海洋仪器,2006.12(04):34-38.

[30]金广锋.超声波测沙仪样机的研制[D].郑州:郑州大学,2004:27-29.

[31]胡博,田增国,金广锋,等.超声波测沙仪的设计[J].自动化与仪器仪表,2005(04):43-45.

[32]邵秘华,张素香.略论浊度标准单位和测量仪器的研究与进展[J].海洋技术,1997,16(4):50-61.

[33]贡献.浊度单位和浊度测量方法[J].分析仪器,1998(02):60-64.

[34]盛强.散射光式浊度仪及信号处理的研究[D].太远:太原理工大学,2007.

[35]岳舜琳,陈国光,童俊,等.低浊水的浊度测定问题[J].净水技术,2010,29(3):48-53.

[36]曹薇,李嘉,李克锋,等.利用浊度法测量含沙量及其应用[J].中国环境与生态水力学,2008,103-109.

[37]吴昌林,沈敏,林木松,等.应用变频调速的潮汐模拟系统[J].现代制造工程,2006(8):

85-88.

[38]刘家驹,陈勇,等.深圳湾港口物理模型实验报告[R].南京:南京水利科学研究院,1998.

[40]张承慧,王划一,张天德.潮汐模拟系统的建模与自适应控制[J].应用科学学报,1997,15(4):474-481.

[41]刘其奇.流量控制型潮汐控制系统[J].测控技术,2001,20(5):38-40.

[42]虞邦义,武锋,马浩.MCGS组态软件及其在大型河工模型实验中的应用[J].泥沙研究,2001(3):46-49.

[43]吕新刚,乔方利,夏长水.胶州湾潮汐潮流动边界数值模拟[J].海洋学报,2008,30(4):21-29.

[44]吴艳春,惠钢桥.南水北调穿黄模型检测与控制自动化系统[J].长江科学院院报,1999,16(3):46-49.

[45]王静,郭美宜,李木国.潮汐模拟系统的研制[J].中国海洋平台,2001(02):11-14.

[46]刘杰,乐嘉钻.潮汐河口物理模型实验数据采集和处理方法[J].水运工程,2000(11):4-6.

[47]苏杭丽,马洪蛟,张东生,等.复合模型系统的控制策略[J].海洋工程,2002,20(2):96-99.

[48]吴宋仁.海岸动力学[M].北京:人民交通出版社,2000,5-6

[49]陈伯海,吕宏民.波浪水槽随机波的模拟[J].青岛海洋大学学报(自然科学版),1998,28(2):179-184.

[50]大连工学院海洋工程研究所海动研究室.不规则波造波机系统[J].大连工学院学报,1986.

[51]Salt. ,SH,高恒庆.吸收式造波机和宽式波浪槽[J].海岸工程,1996(4):67-75.

[52]俞聿修.随机波浪及其工程应用[M].大连:大连理工大学出版社,2000.

[53]Sorensen, R. M. Basic Wave Mechanics:For Coastal and Ocean Engineers[M]. New York:John Wiley and Sons ,1993.

[54]肖波,邱大洪,俞聿修.实验室中椭圆余弦波的产生[J].海洋学报,1991,13(1):137-144

[55]李炎保,张兴无.三传感器波浪水槽二次反射主动吸收方法[J].黄渤海海洋,2001,19(1):82-85.

[56]陈汉宝,郑宝友.水槽造波机参数确定及无反射技术研究[J].水道港口,2002,23(2):60-65.

[57]朱良生,洪广文.不规则波Boussinesq型方程的造波、消波和反射[J].海洋工程,2000,18(4):43-48.

[58]张靖,刘少强.检测技术与系统设计[M].北京:中国电力出版社,2002.

[59]张福然,陈汉宝,赵军.蛇形造波机设计参数的确定[J].水道港口,1997(3):2-7.

[60]谢鉴衡.河流模拟[M].北京:水利电力出版社,1993.

[61]虞邦义,武锋,吕列民.河工模型试验测量与控制技术研究进展[J].水动力学研究与进

展(A 辑),2001,16(1):85—91.

[62]黄立培,张学. 变频器应用技术及电动机调速[M]. 北京:人民邮电出版社,1998.

[64]蔡守允,魏延文,雷学锋. LGY-Ⅲ型智能测沙颗分仪[J]. 海洋工程,1999(4):49-54.

[65]蔡守允. 河工模型试验的数据采集与处理[J]. 数据采集与处理,1994(2):132-137.

[66]蔡守允,陆长石. 泥沙模型试验测控系统[J]. 海洋工程,1997,(3)

[67]蔡守允,魏延文,汪亚平,等. 潮滩水流面及边界层量测系统[J]. 水利水运工程学报,2001(2).

[68]鲍官军,计时鸣,张利,等. CAN 总线技术、系统实现及发展趋势[J]. 浙江工业大学学报,2003,31(1):58-61,66.

[69]王伟,张晶涛,柴天佑. PID 参数先进整定方法综述[J]. 自动化学报,2000,26(3):347-355.

[70]李晓飚,赵国昌,汪拥赤. P-FUZZY-PI 控制器在水工模型水位控制系统中的应用[J]. 计算机测量与控制,2005,13(4):341-343.

[71]陈勇,陈鹏翔. 模糊自适应 PID 在水工模型中的应用[J]. 控制系统,2007,23(10):101-102,132.

[72]中华人民共和国交通部. 海岸与河口潮流泥沙模拟技术规程(JTS/T231-2-2010)[S]. 北京:人民交通出版社,2010.

[73]中华人民共和国交通部. 航道整治工程技术规范(JTJ312—2003)[S]. 北京:人民交通出版社,2003.

[74]夏云峰,杜德军,吴道文. 长江下游福姜沙河段深水航道双涧沙守护工程初步设计方案潮流泥沙河工模型试验研究报告[R]. 南京:南京水利科学研究院,2010.

[75]蔡守允,刘兆衡,张晓红,等. 水利工程模型试验量测技术[M]. 北京:海洋出版社,2008.

[76]长江航道规划设计研究院,中交上海航道勘察设计研究院有限公司,等. 长江南京以下12.5 米深水航道建设工程一期工程(太仓～南通段)工可报告[R]. 2012.

[77]杜德军,吴道文,等. 长江南京以下 12.5 米深水航道一期工程初步设计物模试验研究报告[R]. 南京:南京水利科学研究院,2012.

[78]虞邦义,武锋,吕列民. 河工模型量测与控制技术研究进展[J]. 水动力学研究与进展:A 辑 2001(1):84-91.

[79]屈波,杜德军,彭涛. 河工潮汐模型潮水箱潮位控制策略研究[C]. //中国海洋学会. 第十四届中国海洋(岸)工程学术讨论会论文集. 2009:1234-1237.

[80]黄建成,惠钢桥. 粒子图像测速技术在河工模型试验中的应用[J]. 人民长江,1998,29(12):21-23.

[81]王兴奎,庞东明,等. 图像处理技术在河工模型试验流场量测中的应用[J]. 泥沙研究,1996(4):21-26,

[82]王振东. PC-STD 微机系统在九龙江西溪模型试验中的应用[C]. //中国水利学会水利测量技术研究会. 水利量测技术论文选集. 北京:兵器工业出版社,1993:237-241.

［83］黄建成，惠钢桥. 计算机技术在河工模型试验控制中的应用［J］. 人民长江，1997，28
　　（12）：43-44

［84］张小鸥. 多口门河工模型实时监控软件的设计［C］//李业彬. 水利量测技术论文集. 北
　　京：中国农业科学出版社，2000，8：225-29.

［85］长江水利委员会水文局长江口水文水资源勘测局. 长江南京以下 12.5 m 深水航道建设
　　一期工程（太仓～南通段）水文测验［R］. 2011.

［86］中交上海航道勘察设计研究院有限公司. 长江下游福姜沙水道航道治理双涧沙守护工
　　程效果分析［R］. 2013.

［87］中华人民共和国交通部. 波浪模型试验规程（JTS/T234—2001）［S］. 北京：人民交通出
　　版社. 2002.

［88］徐基丰，陈玉芬. 探测式水位仪的改进以及微机对其的数据采集［R］. 南京：南京水利
　　科学研究院，1987.

［89］范建成. 振动式水位仪的使用［R］. 南京：南京水利科学研究院，1989.